施工技术安全与管理研究

胡文锋 著

吉林科学技术出版社

图书在版编目（CIP）数据

施工技术安全与管理研究 / 胡文锋著 . -- 长春：
吉林科学技术出版社 , 2022.5
ISBN 978-7-5578-9327-9

Ⅰ . ①施… Ⅱ . ①胡… Ⅲ . ①建筑施工—安全管理
Ⅳ . ① TU714

中国版本图书馆 CIP 数据核字 (2022) 第 073225 号

施工技术安全与管理研究

著	胡文锋	
出 版 人	宛 霞	
责任编辑	梁丽玲	
封面设计	周 凡	
制 版	周 凡	
幅面尺寸	145mm×210mm	
开 本	32	
字 数	120 千字	
印 张	7.75	
印 数	1-1500 册	
版 次	2022年5月第1版	
印 次	2022年5月第1次印刷	

出 版	吉林科学技术出版社
发 行	吉林科学技术出版社
地 址	长春市南关区福祉大路5788号出版大厦A座
邮 编	130118
发行部电话/传真	0431-81629529 81629530 81629531
	81629532 81629533 81629534
储运部电话	0431-86059116
编辑部电话	0431-81629510
印 刷	廊坊市印艺阁数字科技有限公司

书 号	ISBN 978-7-5578-9327-9
定 价	68.00元

前　言

　　工程建设产品复杂多样，施工中需要投入大量人力、财力、物力、机具等，同时，需要根据施工对象的特点和规模、地质水文气候条件、图纸、合同及机械材料供应情况等，充分做好施工准备、施工技术工艺、施工方法方案等，以确保技术经济效果，避免出现事故。这就对工程建设施工管理技术人员提出了较高的要求。

　　近些年来，为适应公路建设的快速发展，确保工程建设质量，相关部门连续多年开展了公路建设质量年活动，开展了针对提高公路修筑质量的技术攻关与针对公路工程质量通病的专项科研与治理工作，加强了工程质量管理制度的建设。强化质量监督，全面落实质量责任制，使全员的质量意识与管理水平得到了明显的提高，对确保公路工程质量起到了积极的作用。公路工程质量的提高与多方面因素有关，其中，最重要的因素则是从事公路建设的一线技术人员水平的提高。活跃在施工现场的技术人员，他们是公路工程项目的组织者与实施者，他们的专业和业务背景不尽相同，加强对他们的技术和业务培训，一方面提高他们的管理水平，另一方面提高他们的专业技术素质，使他们真正成为综合素质优秀的一线技术骨干，这样才能使公路建设质量得到最为直接的保证。从另一个角度而言，施工企业要取得效益，最为根本的还是要提高工程的质量。施工单位应对施工人员进行岗位"应知、应会"教育，质量检查活动中应对现场技术人员的培训工作进行重点检查。

本书根据现行国家标准规范，结合职业资格认证特点，以安全管理技能为核心，以胜任安全管理岗位为目标，以安全管理流程为导向进行撰写。全书主要包括公路工程的施工技术与施工准备，路面工程施工技术，桥梁、涵洞与隧道施工技术，公路工程施工的安全管理，桥梁施工安全管理，公路隧道施工安全技术等内容。本书可供从事公路工程施工与安全管理等工作的管理人员参考和借鉴。

目 录
CONTENTS

第一章　施工技术与施工准备

第一节　公路施工的组成与发展概况

一、公路的分级与组成

(一) 公路的分级与分类

1. 公路的分级

交通运输部颁布的《公路工程技术标准》根据功能和适应的交通量将公路分为五个等级，即高速公路、一级公路、二级公路、三级公路、四级公路。

(1) 高速公路：专供汽车分向、分车道行驶，并应全部控制出入的多车道公路。

四车道高速公路应能适应将各种汽车折合成小客车的年平均日交通量 25000 ~ 55000 辆。

六车道高速公路应能适应将各种汽车折合成小客车的年平均日交通量 45000 ~ 80000 辆。

八车道高速公路应能适应将各种汽车折合成小客车的年平均日交通量 60000 ~ 100000 辆。

（2）一级公路：供汽车分向、分车道行驶，并可根据需要控制出入的多车道公路。

四车道一级公路应能适应将各种汽车折合成小客车的年平均日交通量 15000～30000 辆。

六车道一级公路应能适应将各种汽车折合成小客车的年平均日交通量 25000～55000 辆。

（3）二级公路：供汽车行驶的双车道公路。

二级公路应能适应将各种汽车折合成小客车的年平均日交通量 5000～15000 辆。

（4）三级公路：主要供汽车行驶的双车道公路。

三级公路应能适应将各种车辆折合成小客车的年平均日交通量 2000～6000 辆。

（5）四级公路：主要供汽车行驶的双车道或单车道公路。

双车道四级公路应能适应将各种车辆折合成小客车的年平均日交通量 2000 辆以下。

单车道四级公路应能适应将各种车辆折合成小客车的年平均日交通量 400 辆以下。

2. 公路的分类

公路按其在公路网的地位与作用分为以下五类：

（1）国道：在国家公路网中，具有全国性政治、经济、国防意义，并确定为国家干线的公路。

（2）省道：在省公路网中，具有全省性政治、经济、国防意义，并确定为省级干线的公路。

（3）县道：具有全县性政治、经济意义，并确定为县级的公路。

（4）乡道：主要为乡村生产、生活服务，并确定为乡级的公路。

（5）专用公路：专为企业或其他单位提供运输服务的道路，如专门或主要为工矿、林区、油田、农场、军事要地等与外部连接的公路。

（二）公路的组成

1.路基工程

路基是按照道路的平面位置、纵面线形和一定的技术要求修筑的作为路面基础的岩土构造物。路基既是路面的基础，又是公路的重要组成部分。按路基横断面形状的不同，通常可分为路堤、路堑和半填半挖路基三种形式。

2.路面工程

路面是在路基之上用各种筑路材料铺筑的供汽车行驶的层状构造物，其作用是保证汽车能全天候地在道路上安全、迅速、舒适、经济地运行。路面结构一般由面层、基层、底基层与垫层组成。

面层是直接承受车轮荷载反复作用和自然因素长期影响的结构层。按面层所用材料的不同，可分为柔性路面、刚性路面和半刚性路面三种。作为柔性路面的典型代表，沥青路面可由一到三层组成。三层式沥青路面的表面层应根据使用要求设置抗滑、耐磨、密实稳定的沥青层，中面层、下面层应根据公路等级、沥青层厚度、气候条件等选择适当的沥青结构层。

　　基层是设置在面层之下，并与面层一起将车轮荷载的反复作用传递到底基层、垫层、土基，起主要承重作用的层次。基层可分为柔性基层（沥青稳定碎石、沥青贯入式、级配碎石、级配砾石等）、半刚性基层（水泥稳定土或粒料、石灰或粉煤灰稳定土或粒料等）、刚性基层（碾压式水泥混凝土、贫混凝土等）、混合式基层（上部使用柔性基层、下部使用半刚性基层）等。对于高速公路、一级公路，应采用水泥稳定粒料、石灰粉煤灰（二灰）稳定粒料、沥青碎石以及级配碎砾石等材料铺筑。高速公路、一级公路的底基层和二级及二级以下公路的基层和底基层，除上述类型材料外，也可采用水泥稳定土、石灰稳定土、石灰粉煤灰稳定土、石灰工业废渣、填隙碎石等或其他适宜的当地材料铺筑。

　　垫层是设置在底基层与土基之间的结构层，起排水、隔水、防冻、防污等作用。各级公路当需要设置垫层时，一般可采用水稳性好的粗粒料或各种稳定性材料铺筑。

　　3. 桥涵工程

　　桥梁是为了道路跨越河流、山谷或人工障碍物而建造的构造物；涵洞是为了宣泄地面水流而设置的横穿公路的小型排水构造物。交通运输部颁布的《公路桥涵设计通用规范》给出了桥涵的分类。

　　（1）按桥梁总长和跨径的不同分类：可分为特大桥、大桥、中桥、小桥和涵洞。

　　（2）按桥梁受力体系分类：可分为梁式桥、拱式桥、钢架桥、吊桥四种基本体系，其中梁式桥以受弯为主；拱式桥以受压为主；吊桥以受拉为主。另外，由上述四大基本体系的相互组合，又派生出了在受力上具有组合特征的组合体系桥型，如目前在我国广为流行的斜拉桥等。

4. 隧道

隧道是为了公路从地层内部或水下通过而修建的结构物。当公路需要翻越高山或穿过深水层时，为了改善平纵线形和缩短路线长度，经过技术、经济比选，可选用隧道方式。

5. 排水及防护工程

排水工程是为了排除地面水及地下水而设置的排水构造物。除桥涵外，还有边沟、截水沟、急流槽、盲沟、渗井和渡槽等路基排水构造物和路面排水构造物组成的道路排水系统。防护工程是为了加固路基边坡、确保路基稳定的结构物，如在路基边坡修建的填石边坡、砌石边坡、挡土墙、护脚和护面墙等构造物。

6. 交通工程设施

交通工程设施是针对高等级公路行车速度快、通过能力大、交通事故少、服务水平高的特点设置的，它包括安全设施、管理设施、服务设施、收费设施、供电设施等。

（1）安全设施：整个交通工程系统最基本的部分，主要有标志、标线、视线诱导标、护栏、隔离栅、防眩设施和照明设施等。

（2）管理设施：控制、监视、通信、数据采集与处理设施。

（3）服务设施：服务区、加油站、公共汽车停靠站等。

（4）收费设施：收费站等。

（5）供电设施：为了使整个交通工程系统正常运行而设置的配套设施。

（6）环保设施：为了减少公路交通环境污染而设计的声屏障、减噪路面、绿化工程及公路景观（自然景观及人文景观）。

二、公路施工的发展概况

（一）我国公路施工技术发展回顾

我国在公路施工技术上有着悠久的历史。据史料考证，早在公元前 2000 年，我国已修建有可供牛车、马车行驶的道路。在西周时期道路建设已初具规模，唐代是我国古代道路发展的鼎盛时期，形成了以城市为中心的四通八达的道路网，在道路结构、施工方法等方面作了许多创新。到了清代，对道路进行了功能分级，分为官马大路、大路、小路三个等级。其中仅官马大路便已达 2000 km 以上。

20 世纪初，在第一辆汽车输入我国后，通行汽车的公路就随之诞生了，1908 年建成了我国历史上的第一条公路，即广西龙州至那堪的公路。到新中国成立前，我国近代道路发展缓慢，并且屡遭破坏，40 多年间修建的公路不足 80000 km，其中铺有高级、次高级路面的还不到 350 km。在这一时期，就施工技术而言，修建的多为天然泥土路、泥石路或泥结碎石路；就施工手段而言，主要是人工挑抬、石碾压实。虽然那时也引进了一些筑路机械，但由于配件和燃料供应困难，机械的利用率很低。到新中国成立初期，全国仅有推土机 200 余台，压路机还不足百台，搅拌机刚过百台。

新中国成立以后，随着我国公路建设事业的蓬勃发展，公路施工技术水平也相应地得到了较快提高。新中国成立后不久，全国从上到下成立了各级公路施工专业队伍，并颁布了相应的公路技术规范或规则，使公路施工及管理迅速走上了正轨。20世纪50年代，由专业施工队伍负责承担施工任务的康藏公路、海南岛公路、成都至阿坝公路等10余条重点公路工程相继竣工。结合这些公路自然条件复杂、工程艰巨、工期要求短等特点，在施工中探索、创造了土石方大爆破施工、泥结碎石路面施工和泥结碎石路面加铺级配磨耗层和保护层施工、软土等特殊地基的处理等一系列的公路施工技术，使我国的公路施工技术水平有了整体上的提高。20世纪60—80年代初是我国公路发展的普及阶段，这个时期共修建公路800000 km。其中，高级、次高级路面（主要是渣油路面）达100000 km。这些公路以三、四级公路和等外路为主，基本上是采取发动群众和以手工操作方式为主进行施工的。因此，施工机械的发展和推广应用得比较缓慢。

1988年是我国公路交通史上不平凡的一年，随着沪嘉高速公路于1988年10月31日的建成通车，结束了我国大陆没有高速公路的历史，这是我国公路建设迈入现代化的新起点。自20世纪80年代开始建设高速公路以来，我国高速公路的建设快速发展。1999年年底，我国高速公路通车总里程突破10000 km，位列世界第四；2001年年底达到19000 km，已跃居世界第二；至2008年年底，我国高速公路的通车总里程实现了60300 km，直逼高速公路世界第一的美国；至 2015 年年底达到 120000 km。按照我国公布的高速公路网发展规划，到 2020 年基本建成国家高速公路网，届时，我国高速公路通车总里程将达 350000 km。

为适应高等级公路高标准和高质量的要求，我国公路施工技术也获得了前所未有的发展。这些发展与变化主要体现在以下几个方面：

（1）制定或修订公路工程技术规范，建立起了一整套符合我国国情的公路施工控制、检测及验收标准。

（2）机械化施工水平大大提高，各种先进的筑路机械广泛应用于公路工程的施工。全国各地组建了一批设备先进、种类齐全的公路机械化施工队伍，公路施工实现了由手工操作逐步向机械作业方式的转变。到目前，全国公路施工部门已拥有一大批国产或进口的技术先进、种类齐全、成龙配套的筑路机械、试验仪器和检测设备，大型筑路机械已达 30 余万台（套），固定资产原值已达 30 多亿元。

（3）新技术、新工艺、新材料得到广泛应用，进而取得了巨大的社会、经济效益。

（4）施工的控制及检测手段日臻完善，从而有力地保证了工程质量，加快了施工进度。

（二）公路施工技术的发展趋势

随着世界各国经济技术的进步、交通事业的发展和人们物质文化需求的增长，对公路建设也提出了更高的要求，主要表现为：一是对公路功能的要求越来越高，如通行能力、承载能力及行车的安全性与舒适性等；二是对公路整体线形、路容、路况的要求越来越高，特别是山区公路及旅游区道路，其路线与周围环境的协调性成为重要的评价指标；三是对公路环保的要求越来越高，如对行车污染和噪声的限制等；四是对公路的施工速度、施工质量和管理水平的要求越来越高，在施工中普遍采用自动化机械设备进行快速而且优质的作业。

针对上述要求，公路施工必将向着机械化、自动化、生物化学化、标准化和工厂化方向发展。

(1) 在公路施工方案的拟定和选择方面：将充分利用计算机及其他现代先进手段，综合考虑施工材料、机具、工期、造价等因素，进行方案比选与优化，以获取最大的社会经济效益。

(2) 在施工工艺方面：土石方爆破、稳定土、旧有沥青及水泥混凝土再生、工业废料筑路及水泥、沥青、土壤外加剂等的工艺水平将有突破性进展。

(3) 在施工机械方面：将研究使用一条龙的单机配套机械进行流水作业和多功能的联合施工机械；为实现施工机械自动化，还将使用电子装置、自控装置和激光技术，对施工现场进行遥控监测。

(4) 在施工检测技术方面：将研究使用能自动连续量测动、静两种荷载作用下的路基、路面弯沉仪和曲率半径仪；研究使用冲击波、超声波测定强度和弹性模量；研究使用同位素方法测定密实度和厚度，以及研究使用计算机自动连续量测路面抗滑性能和平整度的仪器等。

(5) 在施工作业方面：将大量使用预制结构，使人工构造物的施工实现标准化和工厂化。

（6）在特殊路基的处理方面：将充分应用生物化学技术，最大限度地利用当地材料。

（7）各种环保和交通工程设施：如声屏墙、减噪路面及绿化工程等的施工技术将提高到一个新的水平。

（8）施工技术的发展：施工技术的发展将更好地满足设计要求，设计与施工的结合将更加密切。

第二节 公路施工的方法与程序

一、公路施工的方法与特点

（一）施工的方法

高等级公路的施工方法主要有人工、简易机械化、机械化、水力机械化和爆破等。

1. 人工施工法

人工施工法是使用手工工具进行公路施工的方法。这种施工方法效率低、劳动强度大，不仅要占用大量的劳动力，而且施工进度慢，工程质量也难以保证。但在山区等低等级公路工程中，当机械无法进入施工现场或施工场地难以展开机械化作业时，就要采用人工施工法。

2. 简易机械化施工法

简易机械化施工法是以人力为主，配以简易机械的公路施工方法。与人工施工法相比，能适当减轻劳动强度，而且可以加快施工进度，提高施工质量。在我国目前的施工生产条件下，特别是在山区一般公路建设中，仍是一种值得推广的施工方法。

3. 机械化施工法

机械化施工法是使用配套机械，主机配以辅机，相互协调，共同形成主要工序机械化综合作业的公路施工方法。机械化施工可以极大地提高劳动生产率，减轻劳动强度，加快施工进度，提高工程质量，而且安全程度高，是推动公路工程建设和实现公路施工现代化的根本途径。

4. 爆破施工法

爆破施工法是通过爆破震松岩石、硬土或冻土，开挖路堑或采集石料的施工方法。这种方法是道路施工，特别是山区公路施工不可或缺的重要施工方法。

5. 水力机械化施工法

水力机械化施工法是利用水泵、水枪等水力机械，喷射出强力水流，冲散土层，并流运至指定地点沉积的施工方法。这种方法需要有充足的水源和电源，用于挖掘比较松散的土质和地下钻孔工程。

施工方法的选择，应根据工程性质、工程数量、施工期限以及可能获得的人力和机械设备等条件综合考虑。为了适应我国公路建设标准高、速度快的要求，近年来，许多施工单位都先后从国内外购置了大量现代化筑路设备，在高等级公路施工中，基本实现了机械化或半机械化作业，迅速提高了施工质量和劳动效率，大大加快了公路工程建设的步伐。

(二) 施工特点

作为一种特定的人工构造物，虽然公路施工同样是把一系列的资源投入到产品 (即工程) 的生产过程中，其生产上的阶段性和连续性，组织上的专门化和协作化也与之基本相符，但是，公路施工与一般工业生产和其他土建工程施工 (如房屋建筑) 相比仍有所不同。

1. 公路工程属于线性工程

一条公路项目的建设路段一般少则几千米，多则数十千米、数百千米以上，路线跨越山川、河谷，路线所经路段难以完全避开不良地质地区，如滑坡、软基、冻土、高填、深挖等路段；在地形复杂的地段，难以避免地要修建大桥、特大桥、隧道、挡墙等结构物。这就使得公路项目建设看似简单，实际上却比一般土木工程项目复杂得多。由于公路线所经路段地质特性的多变性，使得公路工程施工复杂、多变性凸显，结构物的施工也因地质条件的不确定性，经常导致设计变更、工期延长，使进度控制、质量控制、投资控制的难度大大增加。

2. 公路工程项目构成复杂

公路工程项目的单位工程包括：路基土石方工程、路面工程、桥梁工程、隧道工程、互通立交工程、沿线设施及交通工程、绿化工程等。各单位工程中的作业内容差异很大，如桥梁工程，不同的桥型，施工技术差异很大。这也决定了公路工程项目施工的技术复杂性和管理的综合性。

3. 公路工程项目规模庞大

施工过程缓慢，工作面有限，决定了其较长的工期。高速公路的施工工期通常是 2 ~ 5 年，工期长意味着在工程建设中面临着更多的不确定因素，承担着更大的风险。

4. 公路工程项目建设投资大

高速公路造价一般为 2000 ~ 4000 万元 /km，有时甚至更高。工程建设需要的巨大资金能及时到位，是保障工程按期完工的前提。资金投入对于投资活动的成功与否关系重大，同时，在工程建设中要求有高质量的工程管理，以确保项目的工期、投资和质量目标的实现。

二、公路施工的基本程序

施工程序是指施工单位从接受施工任务到工程竣工阶段必须遵守的工作程序，主要包括接受施工任务、施工准备工作、组织施工和竣工验收等。

（一）接受施工任务

1. 接受施工任务的方式

施工企业接受任务的方式主要有三种：

（1）上级主管单位统一布置任务，安排计划下达。

（2）经主管部门同意，自行对外接受任务。

（3）参加招投标，中标而获得任务。

2. 接受任务的要求

（1）查证核实工程项目是否列入国家计划。

（2）必须有批准的可行性研究、初步设计（或施工图设计）及工程概（预）算文件。

3. 接受任务的方式

（1）签订工程承包合同，对工程接受加以肯定。

（2）施工承包合同的内容主要包括承包的依据、方式、工程范围、工程质量、施工工期、工程造价、技术物资供应、拨款结算方式、奖惩条款等。

（二）施工准备工作

施工准备工作是为拟建工程的施工建立必要的技术和物质条件，统筹安排施工力量和现场。施工准备工作也是施工企业搞好目标管理，推行技术经济承包的依据。要编制好施工组织设计方案，以保证工程建设的顺利进行。其作用是发挥企业优势，合理资源供应，加快施工速度，提高工程质量，降低工程成本。

（三）组织施工

（1）施工准备就绪后，向监理工程师提交开工报告，经同意即可开工。

（2）按施工顺序和施工组织设计中所拟定的施工方法进行施工。

（3）组织施工应具备的文件有：①设计文件。②施工规范和技术操作规程。③各种定额。④施工图预算。⑤施工组织设计。⑥公路工程质量检验评定标准和施工验收规范。

（四）竣工验收

（1）所有建设项目和单位工程都已按设计文件内容建成。

（2）以设计文件为依据，根据有关规定和评定质量等级进行工程验收。

第三节　施工的技术准备与组织准备

一、技术准备

（一）熟悉与审查设计文件并进行现场核对

组织有关人员学习设计文件，其目的是对设计文件、设计图及资料进行了解和研究，使施工人员明确设计者的设计意图和业主要求，熟悉设计图的细节，并对设计文件和设计图进行现场核对。其内容主要包括：

（1）设计图是否齐全，规定是否明确，与说明有无矛盾。

（2）路基平、纵、横断面，构造物总体布置和桥涵结构物形式等是否合理，相互之间是否有错误和矛盾。

（3）主要标高、尺寸、位置有无错误。

（4）设计文件所依据的水文、气象、土壤等资料是否准确、可靠、齐全。

（5）核对路线中线、主要控制点、水准点、三角点、基线等是否准确无误。

（6）路线或构造物与农田、水利、航道、公路、铁路、电信、管线及其他建筑物的互相干扰情况及其解决办法是否恰当，干扰可否避免。

（7）对地质不良地段采取的处理措施是否妥当。

（8）主要材料、劳动力、机械台班等计算（含运距）是否准确。

（9）施工方法、料场分布、运输工具、道路条件等是否符合实际情况。

（10）结构物工程数量计算是否有误。

（11）工程预算以及采用的定额是否合理。如现场核对时发现设计不合理或有错误之处，应做好详细记录并拟定修改意见，待设计技术交底时一并提交。

（二）补充调查资料

进行现场补充调查是为编制实施性施工组织设计收集资料。调查的内容主要有：

（1）工程地点的水文、地形、气候条件和地质情况。

（2）自采加工料场、当地材料、可供利用的房屋情况。

（3）当地劳动力资源、工业加工能力、运输条件和运输工具情况。

（4）施工场地的水源、电源以及生活物资供应情况。

（5）当地风俗习惯等。

(三) 设计交桩和设计技术交底

工程在正式施工之前，应由勘测设计单位向施工单位进行交桩和设计技术交底。交桩应在现场进行，设计单位将路线测设时所设置的导线控制点和水准点及其他重要点位的标志桩逐一移交给施工单位。施工单位在接受这些控制点后，要采取必要措施妥善地加固与保护。

设计技术交底一般由建设单位主持，设计、监理和施工单位参加。交底时设计单位应说明工程的设计依据、设计意图，并对某些特殊结构、新材料、新技术以及施工中的难点和需注意的方面进行详细说明，提出设计要求。施工单位提出在研究设计文件中发现的问题及有关修改设计的意见，由设计单位对有关问题进行澄清和解释，对于合理的修改设计意见，必要时可在统一认识的基础上，对所讨论的结果逐一记录，并形成会议纪要，由建设单位正式行文，参加单位共同会签，作为与设计文件同时使用的技术文件，指导施工以及进行工程结算的依据。

(四) 建立工地实验室

1. 工地实验室的作用

在公路工程施工过程中，必须进行各种材料试验，以便选用合适的材料及其材料性能参数，保证公路工程结构物的强度和耐久性，并有利于掌握各种材料的施工质量指标，保证结构物的施工质量。

一方面，随着公路技术等级的提高，相应的筑路材料试验任务增大，并要求试验结果具有更高的准确性和可靠性。高等级公路的线形更趋于平、直，使得路基工程的高填深挖及经过不良地带的路段增加。由于高等级公路对路面的行车性能及耐久性能提出了更高的要求，相应地要求路基更为稳定，路面材料应具有更高的力学性能、耐磨蚀性和气候稳定性等。公路工程事业的进步，促进了其施工技术水平的不断提高，同时推动了公路工程新材料的研究应用，并且使材料性能试验及质量检验工作显得日益重要；另一方面，随着经济体制改革的深化，要求不断改善公路工程的投资效益，因而工程质量问题已从一般化的要求变成了衡量工程施工单位技术质量水平的标志。因此，从某种意义上说，一项工程的质量如何，已关系到该公路施工单位以后的业务前景。基于上述情况，加强质量管理和施工质量检验，建立并充分发挥工地实验室的作用，是施工单位必须做的一项十分重要的工作。

2. 工地实验室的主要工作内容

工地实验室是为施工现场提供直接服务的实验室，主要任务是配合路基、路面施工，对工地使用的各种原材料、加工材料及结构性材料的物理力学性能以及施工结构体的几何尺寸等进行检测。

3. 工地实验室的人员及设施

工地实验室的试验检测人员必须是施工单位试验检测机构的正式人员。工地实验室的负责人应由施工单位试验检测机构负责人授权，从事试验检测工作3年以上，具有交通运输部试验检测工程师资格的人员担任；工地实验室的部门负责人需具有省交通厅试验检测员及以上资格的人员担任；一般试验检测人员需具有省交通厅试验检测员及以上资格或具有交通系统试验检测培训证的人员担任。未取得交通系统试验检测资格或培训证的人员不得上岗。

施工单位试验检测人员数量按施工合同额进行配备，5000万元以下的至少4人；5000万~1亿元的至少6人；1亿~2亿元的至少8人；2亿元以上的至少10人。

工地实验室在工程项目完工之前，不准对人员和设备进行更换和调离。确实需要更换和调离的，应取得项目建设单位的书面批准。工地实验室面积应达到300 m^2，并按检测项目要求合理布局，以满足工地试验要求，设备安置要合理，便于操作，并保持环境整洁卫生。

工地实验室应按照合同和工程实际需要配备合格的试验检测仪器设备。工地实验室试验检测仪器设备在使用前必须通过计量检定或校准。试验检测仪器设备应由专人负责日常保管、保养，做好使用记录、保养记录，主要试验检测仪器设备应建立设备档案，仪器设备的操作规程要张贴上墙。

(五) 编制施工组织设计

施工组织设计是指工程项目在施工前，根据设计人员、业主和监理工程师的要求以及主客观条件，对工程项目施工的全过程所进行的一系列筹划和安排。公路施工组织设计是指导公路施工的基本技术经济文件，也是对施工实行科学管理的重要手段。编制施工组织设计的目的在于全面、合理、有计划地组织施工，从而具体实现设计意图，按质、按量、按期完成施工任务。实践证明，一个工程如果施工组织设计编制得好，并能得到认真地执行，施工就可以有条不紊地进行，否则将会出现盲目施工的混乱局面，造成不必要的损失。

1. 编制原则

（1）严格遵守合同签订或上级下达的施工期限，保质保量地按期完成施工任务。对于工期较长的大型项目，可根据施工情况，分期分批进行安排。

（2）科学、合理地安排施工顺序。在保证质量的基础上，尽可能缩短工期，加快施工进度。

（3）采用先进的施工方法和施工技术，不断提高施工机械化、预制装配化程度，减轻劳动强度，提高劳动生产率。

（4）应用科学的计划方法确定最合理的施工组织方法，根据工程特点和工期要求，因地制宜地快速施工、平行作业。对于复杂的工程，应通过网络计划确定最佳的施工组织方案。

（5）落实季节性施工的措施，科学安排施工计划，组织连续、均衡的施工。

（6）严格遵守施工规范、规程和制度，认真按照基本建设程序办事，根据批准的设计文件与工期要求安排进度。严格执行有关技术规范和规程，提出具体的质量、安全控制和管理措施，并在制度上加以保证，确保工程质量和作业安全。

2. 编制施工组织设计的程序

需要遵守一定的程序，根据合同要求和施工现场的具体条件，按照施工的客观规律，协调和处理好各个影响因素的关系，用科学的方法进行编制。

3.施工组织设计的主要内容

（1）工程概述：包括简要说明工程项目、施工单位、业主、监理机构、设计单位、质检单位名称、合同、开工日期、竣工日期和合同价；简要介绍项目的地理位置、地形地貌、水文、气候、交通运输、水电供应等情况；介绍施工组织机构设置及职能部门之间的关系；说明工程结构、规模、主要工程量和合同特殊要求等。

（2）施工技术方案：包括施工方法（特别是冬期、雨期以及技术复杂的特殊施工方法）、施工程序（重点是施工顺序及工序之间的衔接）、决定采用的新技术、新工艺、新材料和新设备、技术安全措施、质量保证措施等。

（3）施工进度计划：主要是对施工顺序、开始和结束时间、搭接关系进行综合安排，包括以实物工程量和投资额表示的工程总进度计划和分年度计划，以及所需用的工日数和机械台班数。

（4）施工总平面图布置：必须用平面布置图表示，并标明项目建设的位置和生产区、生活区、预制厂、材料场、爆破器材库等的位置。

（5）劳动力需要量和来源：包括总需要量和分工种、分年度的需要量在内。

（6）施工现场平面布置。

（7）施工机械、建筑材料，施工用水、用电的分年度需要量及供应方案。

(8)便道、防洪、排水和生产、生活用房屋等设施的建设及时间要求。

(9)施工准备工作进度表：包括各项准备工作的负责单位、完成时间及要求等。

施工组织设计用文、图、表三种形式来表示，互相结合，互相补充。凡是能用图表表示的，应尽量采用图表。因为图表便于"上墙"，能形象、准确、直观地说明问题，有利于指导现场施工。

4.施工组织设计的编制步骤

(1)施工方案的制定：编制施工组织设计首先遇到的问题就是选择和制定施工方案，如果这个问题得不到解决，施工组织设计乃至以后的施工工作就不可能顺利地进行。所以，施工方案的优劣，在很大程度上决定了施工组织设计质量的好坏和施工任务能否圆满完成。

施工方案是指对项目施工所做的总体设想和安排。施工方案应包括：施工方法和施工机具的选择，施工段划分，施工顺序，新工艺、新技术、新机具、新材料、新管理方法的使用，有关该工程的科学试验项目安排等。选择和制定施工方案，首先要考虑其是否可行，同时还要做到技术先进、经济合理、施工安全，应全面权衡、通盘考虑。施工方法是施工方案的核心内容，它对工程的实施具有决定性的作用。确定施工方法应突出重点，凡是采用新技术、新工艺和对本工程质量起关键作用的项目以及工人在操作上还不够熟练的项目，应详细而具体，不仅要拟订进行这一项目的操作过程和方法，而且要提出质量要求以及达到这些要求的技术措施，并要预见可能发生的问题，提出预防和解决这些问题的办法。对于一般性工程和常规施工方法，则可适当简化，但要提出工程中的特殊要求。

确定施工方法，应考虑工程项目的特点，结合现场一切有关的自然条件和施工单位拥有的施工经验和设备，吸收国内外同类工程成功的施工方法和先进技术，以达到施工快速、经济和优质的目的。

(2) 施工进度计划的编制：施工进度计划是对施工顺序、开始和结束时间、搭接关系进行综合安排。施工进度计划是施工组织设计中最重要的组成部分，它必须配合选择的施工方案进行安排，同时，它又是劳动力组织、机具调配、材料供应以及施工场地布置的主要依据，一切施工组织工作都是围绕施工进度计划来进行的。

编制施工进度计划的目的是要确定各个项目的施工顺序、开竣工日期。一般以月为单位进行安排，从而据此计算出人力、机具、材料等的分期 (月) 需要量，进行整个施工场地的布置和编制施工预算。

施工进度计划一般用图示法表现。进度计划的图形可以采用横道图、S形曲线、"香蕉"曲线、网络图等。通常采用横道图，因为它的形式简单、醒目，易绘制、易懂；还可以在施工过程中在同一图上描绘实际进度。与计划进度相比，当工程项目及工序比较简单，且它们之间的关系也不太复杂，其工序衔接及进度安排凭已有施工经验即可确定时，可以直接绘制横道图进度计划；当工程项目以及工序之间的相互关系比较复杂、各工序的衔接及进度安排有多种方案需进行比较时，则要用网络图，以求得最优先计划，再整理绘制成横道进度图。

（3）资源供应计划：资源供应计划包括劳动力供应计划、材料供应计划、施工机械和大型工具供应计划、预制品供应计划等，这些计划是根据施工进度计划编制的，是计划进度的保证性计划，是进行市场供应的依据。

（4）场外运输计划：将各种物资从产地或交货地点运到工地仓库、料场，称为场外运输。场外运输计划应解决的主要问题是正确选择运输方式及运输工具，以达到降低成本和加速工程进度的目的。

（六）施工现场规划和场地布置

1. 施工现场规划和场地布置

施工现场规划和场地布置是施工组织设计的基本内容之一，它需要考虑的问题很多、很广泛也很具体。它是一项实践性、综合性很强的工作，只有充分掌握了现场的地形、地物，熟悉现场的周围环境和其他有关条件，并对本工程情况有一个清楚与正确的认识之后，才能做到统筹规划，合理布局。

施工现场规划和场地布置情况应以场地平面布置图表示出来。在施工场地平面布置图内应表示出公路的平面位置、场地内需要修建的露天料场、作业场等各项临时工程平面位置和占地面积以及场地内各种运输线路（包括由场外运送材料至工地的进出口线路）。

2. 材料加工及机械修配场地的规划和布置

施工单位为满足本身的需要，有条件时应设置采石场、采砂场、混凝土构件预制场、金属加工厂、机械修配厂等。对于预制场，一般宜设在工地上，以减少构件的运输。对于砂石材料开采场，宜设在材料产地。如有两个或两个以上的产地可供选择时，选择的条件首先是材料品质要符合设计要求；其次是运输距离要近；最后是开采的难易程度、成材率的高低。预制场的选择要综合考虑，作出综合经济分析。对于材料加工场地，则设在原材料产地较为有利。

3. 工地临时房屋的规划与布置

工地临时房屋主要包括施工人员居住用房、办公用房、食堂和其他生活福利设施用房以及实验室、动力站、工作棚、仓库等。这些临时房屋应建在施工期间不被占用、不被水淹、不受塌方影响的安全地带。现场办公用房应建在靠近工地，且受施工噪声影响小的地方；工人宿舍、文化生活用房，应避免设在低洼潮湿、有烟尘和有害健康的地方。此外，房屋之间还应按消防规定相互隔离，并配备灭火器。

4. 工地仓库及料场布置

工地储存材料的设施，一般有露天料场、简易料棚和临时仓库等。易受大气侵蚀的材料，如水泥、铁件、工具、机械配件及容易散失的材料等，宜储存在临时仓库中；钢材、木材等宜设置简易料棚堆放；砂石、石灰等一般在露天料场中堆放。

仓库、料棚、料场的位置，应选择在运输及进出料都方便，而且尽量靠近用料最集中、地形较平坦的地点。设置临时仓库、料棚时，应根据储存材料的特点，进出料的便利程度以及合理的储备定额，来计算需要的面积。面积过大会增加临时工程费用，过小可能满足不了储备需要且增加管理费用。

5.施工场内运输的规划

在工地范围内，从仓库、料场或预制场等地到施工点的料具、物资搬运，称为场内运输。场内运输方式应根据工地的地形、地物、材料在场内的运距、运量以及周围道路和环境等因素进行选择。如果材料供应运输与施工进度能密切配合，做到场外运输与场内运输一次完成，即由场外运来的材料直接运至施工使用地点，或场内外运输紧密衔接，材料运到场内后不存入仓库、料场，而由场内运输工具转运至使用地点，这是最经济的运输组织方法。这样可节省工地仓库、料场的面积，减少工地装卸费用。但这种场内外运输紧密结合的组织方法在工程实践中是很难做到的。大量的场内运输工作是不可避免的，必须做好施工场内运输规划。

（七）工地供电的规划

工地用电主要包括各种电动施工机械和设备的用电以及室内外照明的用电。公路工程施工离不开电，做好工地供电的组织计划，对保证施工的顺利进行有着重要的作用。

工地用电应尽可能利用当地的电力供应，从当地电站、变电站或高压电网取得电能。在当地没有电源，或电力供应不能满足施工需要的情况下，则要在工地设置临时发电站。最好选用两个来源不同的电站供电，或配备小型临时发电装置，以免工作中偶然停电造成损失。同时，还要注意供电线路、电线截面、变电站的功率和数目等的配置，使它们可以互相调剂，不致因为线路发生局部故障而引起停电。

（八）工地供水的规划

公路工程施工离不开水，施工组织设计必须规划工地临时供水问题，确保工地用水和节省供水费用。

二、组织准备

施工企业通过投标方式获得工程施工任务后，应根据签订的施工合同要求，迅速组建符合本工程实际的施工管理机构，组织施工队伍进场施工。同时，为保证工程按设计要求的质量、计划规定的进度和低于合同运价的成本安全顺利地完成施工任务，还应针对施工管理工作复杂、困难多的特点，建立一整套完善的施工管理制度，采用科学的管理方法，切实有效地开展工作。

施工组织准备工作的主要任务是：组建施工项目经理部；选配强有力的施工领导班子和施工力量；强化施工队伍的技术培训。

（一）施工机构的组建和人员的配备

这里的施工机构是指为了完成公路施工任务负责现场指挥、管理工作的组织机构。根据我国具体情况及以往的公路施工经验，施工机构一般由生产系统、职能部门和行政系统等组成。

(二) 建立健全各项管理制度

1. 施工计划管理制度

施工计划管理制度是施工管理工作的中心环节，其他管理工作都要围绕计划管理来开展。计划管理包括编制计划、实施计划、检查和调整计划等环节。由于公路施工受自然条件的影响大，其他客观情况的变化也难于准确预测，这就要求施工计划、管理制度必须经过充分调查研究后制订，同时在执行过程中应随时检查，发现问题及时采取措施解决，必要时还应对制度进行调整修改，使之符合新的客观情况，以保证计划的实现。

2. 工程技术管理制度

工程技术管理制度是对施工技术进行一系列组织、指挥、调节和控制等活动的总称。其主要内容包括：施工工艺管理、工程质量管理、施工技术措施计划、技术革新和技术改造、安全生产技术措施、技术文件管理等。要搞好各项技术管理工作，关键是建立并严格执行各种技术管理制度，只有执行制度，才能很好地发挥作用，圆满地完成任务。

3. 工程成本管理制度

工程成本管理制度是施工企业为了降低工程成本而进行的各项管理工作的总称。工程成本管理与其他管理工作有着密切的联系，施工企业总的技术水平和经营管理水平的高低，均能直接或间接地反映在成本这个指标上。工程成本的降低，表明了施工企业在施工过程中活劳动（支付劳动者的报酬）和物化劳动(生产资料)的节约。活劳动的节约说明劳动生产率的提高，物化劳动的节约说明机械设备利用率的提高和建筑材料消耗率的降低。因此，建立成本管理制度，加强对工程成本的管理，不断降低工程造价，具有十分重要的意义。

4. 施工安全管理制度

安全生产关系到人民群众生命和财产安全，关系到改革发展和社会稳定大局。加强施工安全、劳动保护对公路工程的质量、成本和工期有重要意义，也是企业管理的一项基本原则。其基本任务是：正确贯彻执行"以人为本"的思想和"安全第一、预防为主、综合治理"的方针，建立安全施工责任制，加强安全检查，开展安全教育，在保证安全施工的条件下，创优质工程。

第四节　物资准备与施工现场准备

一、物资准备

物资准备是指施工中必需的劳动手段和施工对象的准备。它是根据各种物资需要量计划，分别落实货源、组织运输和安排储备，以保证连续施工的需要。准备工作主要内容包括以下三个方面。

(一)建筑材料准备

首先根据工程量用预算的方法进行工、料、机分析，根据批准的施工进度计划使用要求、材料储备定额和消耗定额，分别按材料名称、规格、使用时间进行汇总，编制材料需要量计划，同时根据不同材料的供应情况，随时注意市场行情，及时组织货源，签订供货合同。主要包括：

（1）路基、路面工程所需的砂石料、石灰、水泥、工业废渣、沥青等材料的准备。

（2）沿线结构物所需的钢材、木材、砂石料和水泥等材料的准备。

（二）施工机具设备的准备

根据采用的施工方案和施工进度计划，确定施工机械的类型、数量和进场时间，确定施工机具的供应方法、进场后的存放地点和方式，提出施工机具需要量计划，以便及时组织机械进场，保证工程的顺利进行。

（三）周转材料准备

主要是指模板和架设工具。根据批准的施工进度计划和施工方案编制周转材料的需要计划，组织周转材料进场。

二、施工现场准备

（一）恢复定线测量

（1）承包人应检查工程原测设的所有永久性标桩，并将遗失的标桩在接管工地14天之内通知监理工程师，然后根据监理工程师提供的工程测设资料和测量标志，在 28 天之内将复测结果提交监理工程师。上述测量标志经检查批准后，承包人应自费进行施工测量和补充测量，并经监理工程师批准之后，在工地正确放样。

（2）通过复测，对持有异议的原地面标高，承包人应向监理工程师提交一份列有有误标高和相应的修正标高表。在监理工程师确定正确标高之前，对有争议标高的原有地面不得扰动。

（3）在合同执行期间，承包人应将施工中所有的标桩，包括转角桩、曲线主点桩、桥涵结构物和隧道的起终点、控制点以及监理工程师认为对放样和检验有用的标桩等，进行加固保护，并对水准点、三角网点等树立易于识别的标志。承包人应对永久性测量标志进行保护，直至工程竣工验收后，完整地移交给监理工程师。

（4）承包人应根据批准的格式向监理工程师提供全部的测量标记资料，所有测量标记应涂上油漆，其颜色要得到监理工程师的同意，易于辨别。标桩保护和迁移的所有费用均由承包人承担，因施工而引起的标桩变动所产生的费用业主将不予以支付。

（5）承包人应按照上述测量标志资料自费完成全部恢复定线、施工测量设计和对施工放样、应对施工测量、设计和施工放样工作的质量负责到底。

（6）各合同段衔接处的测量应在监理工程师的统一协调下，由相邻两合同段的承包人共同进行，将测量结果协调统一在允许的误差范围内。

（二）建造临时设施

1. 临时房屋设施

临时房屋设施包括行政办公用房、宿舍、文化福利用房及作业棚等。临时房屋设施的需要量应根据职工与家属的总人数和房屋指标确定。临时房屋修建的一般要求是：布置要紧凑，充分利用非耕地，尽量利用施工现场或附近已有的建筑物。必须修建的临时房屋，应以经济、实用为原则，合理选择形式（如装拆式、移动式建筑），以便重复使用。

2. 仓库

仓库是为了存放施工所需要的各种物资器材而设置的。按物资的性质和存放量要求，其形式可以是露天、敞棚、房屋或库房。仓库物资储存量应根据施工条件通过计算确定，一方面应保证工程施工的需要，有足够的储量；另一方面又不宜储存过多，以免增加库房面积，造成积压浪费。

为了保证物料及时顺利地卸入库内和发放使用，仓库必须设计有足够的卸装长度。在保证安全的条件下，应设在交通方便的地方，并利用天然地形组织装卸工作。对于材料使用量很大的仓库，应尽量靠近使用地点。

3. 临时交通便道

工程在正式施工前，必须解决好场内外的交通运输问题。在工地布设临时交通便道时应遵循下列原则：

（1）临时交通道路以最短距离通往主体工程施工场所，并连接主干道路，使内外交通便利。

（2）充分利用原有道路，对不满足使用要求的原有道路，应在充分利用的基础上进行改建，节约投资和施工准备时间。

（3）在本工程的施工与现有的道路、桥涵发生冲突和干扰之处，承包人要在本工程施工之前完成改道施工或修建临时道路。临时道路应满足现有交通量的要求，路面宽度应不小于现有道路的宽度，且应加铺沥青面层。

（4）利用现有的乡村道路作为临时道路时，应将该乡村道路进行修整、加宽、加固且设置必要的交通标志，并经监理工程师验收合格后方可通行。

（5）在工程施工期间，应配备人员对临时道路进行养护，以保证临时道路和结构物的正常通行。

（6）尽量避开洼地和河流，不建或少建临时桥梁。

4. 工地临时用电

施工现场用电，包括生活用电和生产用电。其中，生活用电主要是照明用电；生产用电包括各种生产设施用电、主体工程施工用电、其他临时设施用电。

第二章 路面工程施工技术

第一节 路面工程基本知识

一、路面的概念、结构与分类

(一) 路面的概念

路面是指用各种材料铺筑在路基上的,供车辆行驶的构造物,其主要任务是保证车辆快速、安全、舒适地行驶,路面除了能够承受交通荷载和自然因素的作用,还要与周围环境衬托协调。

(二) 路面的结构

道路行车荷载和自然因素的作用一般随深度的增加而减弱。为适应这一特点,路面结构也是多层次的,路面结构一般由面层、基层、垫层组成,有的道路在面层和基层之间还设立了一个联结层。

1. 面层

面层位于整个路面结构的最上层,直接承受行车荷载,并受自然因素的影响,因此要求面层应有足够的强度、刚度和稳定性，另外面层还应有良好的平整度和抗滑性能，以保证车辆安全平稳地通行。面层通常使用水泥混凝土、沥青混凝土、沥青碎石混合料做铺筑材料，有些道路也用块石、料石或水泥混凝土预制块铺筑道路面层，山区等交通量很小的地区也直接用泥灰结碎石或泥结碎石做面层。面层可分层铺筑，称为上面层（表层）、中面层和下面层。

2. 基层

基层是指面层以下的结构层，主要起支撑路面层和承受由面层传递来的车辆荷载作用，因此基层应有足够的强度和刚度，基层也应有平整的表面，以保证面层厚度均匀、平整，基层还可能受到地表水和地下水的浸入，故应有足够的水稳定性，以防止湿软变形而影响路面的结构强度。基层可采用水泥稳定类、石灰稳定类、石灰工业废渣稳定类以及级配碎砾石、填隙碎石或贫混凝土铺筑。当基层较厚时，应分为两层或三层铺筑，下层称为底基层，上层称为基层，中层视材料情况，可称为基层也可称底基层。在选择基层材料时，为降低工程成本，应本着因地制宜的原则，尽可能使用当地材料。

3. 垫层

垫层设在土基和基层之间，主要用于潮湿土基和北方地区的冻胀土基，用以改善土基的湿度和温度状况，起隔水（地下水和毛细水）、排水（基层下渗的水）、隔温（防冻胀）以及传递、扩散荷载的作用。垫层材料不要求强度高，但要求水稳性能和隔热性能好，常见的垫层由砂砾、炉渣或卵圆石组成的透水性垫层和由石灰土或石灰炉渣土组成的稳定性垫层。

4. 联结层

联结层指为了加强面层和基层的共同作用或减少基层裂缝对面层的影响，而设在基层上的结构层，经常被视为面层的组成部分。联结层一般采用颗粒较大的沥青、大粒径透水性沥青稳定碎石。

(三) 路面的分类

从路面力学特性角度划分，传统的分法把路面分为柔性路面和刚性路面，随着科技的进步，又有了新的发展，路面分类进一步得到细化。

1. 柔性路面

柔性路面是指刚度较小，抗弯拉强度较低，主要靠抗压和抗剪强度来承受车辆荷载作用的路面，其主要特点是刚度小，在车轮荷载的作用下弯沉变形较大，车轮荷载通过时路面各层向下传递到路基的压应力较大。

2. 刚性路面

刚性路面是指路面板体刚度大，抗弯拉强度较高的路面，其主要特点是抗弯拉强度高、刚度大，处于板体工作状态，竖向弯沉较小，传递给下层的压应力较柔性路面小得多。

3. 半刚性路面

我国公路科研工作者经过研究和探索，在 20 世纪 90 年代初又提出了半刚性路面的概念。我国在公路建设中大量使用了水泥稳定类、石灰稳定类和石灰粉煤灰稳定类材料做基层，这些基层材料随着龄期的增长，其强度和刚度也在缓慢地增长，但最终的强度和刚度仍远小于刚性路面，其受力特点也不同于柔性路面，以沙庆林院士为首的我国公路面科研人员，将其称之为半刚性路面基层，加铺沥青面层之后，称为半刚性路面。

4.复合式基层路面

《公路沥青路面施工技术规范》中提出了复合式基层的概念，即上部使用柔性基层，下部使用半刚性基层的基层称为复合式基层，它的受力特点是处于半刚性基层和柔性基层中间的一种结构，可以提高柔性路面的承载能力，加铺沥青面层之后，称为复合式基层路面。

在当前一个时期内，国内大量使用了半刚性路面基层。半刚性基层的整体性好，但易形成温度裂缝和干缩裂缝，并经反射造成沥青面层开裂，水渗入后在行车荷载的作用下出现唧浆现象，进而形成公路面的早期损坏。将半刚性基层用作下基层，上覆以柔性基层，成为复合式结构，不仅可以提高基层的承载力，还可以扩散半刚性基层裂缝产生的水平应力，进而截断反射裂缝向上传递的途径。同时，柔性基层多采用级配碎砾石结构，具有一定的排水功能，进一步完善基层边缘排水设计，可以起到预防路面早期破坏的效果。重交通量和多雨潮湿地区目前已开始进行混合基层的研究和实践。

二、路面施工的特点和基本要求

路面工程是直接承受行车荷载的结构，需要经受严酷的自然环境和行车荷载的反复作用，因此对路面工程也提出了更高的要求。

（一）路面施工的特点

1. 机械化程度高

随着经济的发展，机械制造业也发展迅速，各种类型、各种功能的路面施工机械相继出现，以前以使用人工施工为主的路面施工已经转变为以机械化施工为主、人工为辅的局面。如何更好地发挥机械性能，减轻人工的劳动强度，也是路面工程施工组织的重要内容。

2. 工程数量均匀，容易进行流水作业

一般情况下，一个工程项目路面工程的结构类型和设计厚度是相同的或相近的，除交叉口和收费区范围外，每千米工程数量是均匀的，这使得采取流水作业法安排路面工程施工变得更加容易。

3. 路面施工材料相对比较均匀，更容易控制路面质量

采用细粒土的路面基层底基层材料，虽然也采取了因地制宜的原则，用沿线的土进行基层底基层施工，但相对于路基工程——土石混合来讲，土质差别比较小，可以利用塑性指数的差别制定统一的质量控制标准来控制基层质量（如建立相同强度下，塑性指数与灰剂量的关系；或建立相同灰剂量情况下，塑性指数与最大干密度的关系等）。对于采取砂石材料进行施工的路面基层和面层，由于材料的产地相同，材质更加均匀，更容易用同样的质量标准来控制生产。

4. 与桥梁工程、台背回填、防护工程施工有相互干扰

在施工进度安排上，因桥梁工程、台背回填、防护工程的

滞后影响基层施工时，可采取跳跃施工的方法。对于面层施工时，应已完成上述工作，不影响面层施工的连续性。

5. 废弃材料处理

应注意不对绿化工程、防护工程和水资源造成污染，必要时应采取环境保护措施。

6. 半刚性基层沥青路面的基层重排与面层的施工安排

宜在同一年内施工，以减少半刚性基层的反射性裂缝和沥青面层的早期损坏。

(二) 对路面工程的基本要求

一般来说，不同等级的公路对路面的使用品质具有不同的要求，主要表现在一定设计年限内允许通行的交通量和要求道路提供的服务等级。首先，路面在设计年限内通过预测交通量的情况下，路面应保持一定的承载能力和抗疲劳能力；其次，路面在风吹、日晒、雨淋、严寒、酷暑、冻融等复杂自然条件下，在设计年限内应保持一定的稳定性和耐久性；最后，就是在设计年限内经过一定的养护管理，路面应具有与公路等级相适应的服务水平，为车辆行驶提供安全可靠、快捷舒适的服务。具体来说，对路面工程有以下要求：

1. 具有足够的强度和刚度

路面承受车辆在路面行驶时作用于路面的水平力、垂直力，并伴随着路面的变形 (弯沉盆) 和车辆的振动，受力模型比较复杂，会引起各种不同应力，如压应力、弯拉应力、剪应力等。如果路面的整体或结构的某一部分所受的力超出其承载能力，就会出现路面病害，如断裂、沉陷等，在动载的不断作用下，进而出现碎裂和坑槽。因此必须保证路面整体和路面的组成部分具有足够的强度，包括修建路面的原材料，如砂石、水泥等，复合性材料，如水泥混凝土、沥青混凝土和路面结构本身。

刚度是指路面抵抗变形的能力。刚度不足时，路面在车辆荷载的作用下也会产生变形、车辙、沉陷、波浪等破坏现象，因此要求路面具有足够的刚度，使路面整体和各组成部分的变形量控制在弹性变形范围内。

2. 具有足够的稳定性

路面结构祖露在自然环境之中，经受水和温度等影响，使其力学性能和技术品质发生变化。路面稳定性包括以下内容：①高温稳定性：在夏季高温条件下，沥青材料如果没有足够的抗高温的能力，就会发生泛油、面层软化，在车辆荷载的作用下产生车辙、波浪和推挤，水泥路面则可能发生拱胀开裂。②低温抗裂性：在冬季低温条件下，路面材料如果没有足够的抗低温能力，就会出现收缩、脆化或开裂，水泥路面也会出现收缩裂缝，当气温骤变时会出现翘曲而破坏。③水温稳定性：雨季路面结构应有一定的防水、抗水和排水能力，否则在水的浸泡作用下，强度会下降，甚至出现剥离、松散、坑槽等破坏。

3. 具有足够的平整度

路面应有良好的平整度，不平整的路面会使车辆颠簸，行车阻力增大，影响行车安全和司乘舒适，加剧路面和车辆的损坏，因此，路面应具有与公路等级相适应的平整度。

4. 粗糙度和抗滑性能

路面表层直接接触车轮,应有一定的粗糙度和抗滑性能,车轮和路面表层间应有足够的附着力和摩擦阻力,保证车辆在爬坡、转弯、制动时车轮不空转或打滑,路面抗滑性不仅对保证行车安全十分重要,而且对提高车辆的运营效益也有重要意义。

5. 耐久性

阳光的曝晒、水分的浸入和空气的氧化作用都会对路面结构和材料产生影响,尤其是沥青材料会出现老化,并失去原有的技术品质,导致路面开裂、脱落,甚至大面积的松散破坏。因此,在路面修筑时,应尽可能选用有足够抗疲劳、抗老化、抗变形能力的路用材料,以提高路面的耐久性,延长路面的使用寿命。

6. 尽可能低的扬尘性

汽车在路面上行驶时,车身后及轮胎后产生的真空吸力作用将吸引路面表层或其中的细颗粒料而引起尘土飞扬,造成污染并影响行车视距,给沿线居民卫生和农作物生长造成不良影响,尤其以砂石路面为甚。所以除非在交通量特别小或抢修临时便道的情况下,一般不用砂石路面结构。

7. 具有尽可能低的噪声

噪声污染也会影响居民的正常生活,穿越居民区的公路面可采用减噪混凝土,以降低噪声。

三、路面施工的基本方法

路面工程是层状结构，路面工程施工的共同点是几乎所有的路面结构（手摆拳石和条石路面等结构除外）都需要拌和混合料、摊铺和压实三道工序。路面工程施工主要有三种方法：人工路拌法、机械路拌法、厂拌机铺法。

（一）人工路拌法

20世纪80年代以前，路面工程施工主要采取这种方法。人工摊土（石料）、人工拌和、简易机械压实，基层施工主要有人工翻拌法、人工筛拌法等，沥青面层施工主要有沥青灌入式和人工冷拌沥青混合料、使用炒盘人工拌和沥青混合料等。其主要特点是用工数量大，劳动强度大，工作效率低，工程质量受人为因素影响大，且质量不稳定，安全生产和防护措施比较严格，安全生产难度大。

（二）机械路拌法

20世纪80年代以后，我国开始引进德国生产的宝马牌路拌机，路面基层施工开始了以机械路拌法为主的施工方法，其操作是以人工或机械分层摊铺各种路用材料，然后用路拌机械拌和，整形后碾压成形，也是目前路面底基层和二级以下公路面基层常用的施工方法。其主要特点是用工数量大大减少，混合料拌和质量较好，但如不严控拌和深度，易出现素土夹层。对于高速公路和一级公路，除直接和土基相邻的路面底基层外，不宜采用机械路拌法施工，而应采取厂拌机铺法施工。

（三）厂拌机铺法

随着高速公路的快速发展，无机结合料稳定粒料路面基层得到广泛的应用，这种结构多使用厂拌机铺法。此外，沥青碎石和沥青混凝土路面的施工、水泥混凝土路面的施工，也采用厂拌机铺法，即用专门的厂拌机械拌制混合料，用专门的摊铺机械摊铺路面的施工方法。其主要特点是机械化程度高，混合料配比准确，厚度控制、高程控制比较直观，但需要大量的自卸运输车辆。

四、路面工程试验路段

在进行大面积施工之前，修筑一定长度的试验路段是很必要的。在高速公路与一级公路的工程实践中，施工单位通过修筑试验路段，进行施工优化组合，把施工中存在的问题找出来，并采取措施予以克服，提出标准的施工方法和施工组合用来指导大面积施工，从而使整个工程施工质量高、进度快。

修筑试验路段的任务包括：检验拌和、运输、摊铺、碾压、养生等拟投入设备的可靠性；检验混合料的组成设计是否符合质量要求及各道工序的质量控制措施；提出用于大面积施工的材料配比和松铺系数；确定每一作业段的合适长度和一次铺筑的合理厚度；对于沥青混合料提出施工温度的保障措施，对于水泥稳定类混合料提出在延迟时间内完成碾压的保证措施等；最后提出标准施工方法。标准施工方法主要内容应包括：集料与结合料数量的控制与计量方法；摊铺方法；合适的拌和方法：拌和深度、拌和速度、拌和遍数；混合料最佳水量控制方法；沥青混合料油石比的控制方法；整平和整形的合适机具与方法；平整度及厚度的控制方法；压实机械的组合、压实顺序、速度和遍数；压实度的检查方法和对比试验；机械的选型与配套；自卸车辆与摊铺机械的配合等。

第二节　路面基层施工技术

路面基层可以分为无机结合料稳定类、粒料类和沥青碎石类。无机结合料稳定类又称为半刚性基层，包括水泥稳定类、石灰稳定类和石灰工业废渣稳定类等；粒料类常分为嵌锁型和级配型等，如填隙碎石、级配碎石、级配砾石等；沥青碎石类分为骨架密实型和骨架空隙型，如 ATB 和 LSPM 等。

一、无机结合料稳定类路面基层施工技术

（一）概述

在粉碎的或原状松散的土中掺入一定数量的无机结合料（包括水泥、石灰和工业废渣）和水，经拌和得到的混合料在压实与养生后，其抗压强度指标符合规定要求的路面结构层称为无机结合料稳定类基层。无机结合料稳定类基层具有稳定性好、抗渗性能强、结构层自身成板体等特点，但其抗裂性能差。

无机结合料稳定细料土广泛用于修筑高等级公路面底基层和其他等级公路的路面基层，无机结合料稳定粒料被用于高等级路面的基层结构。无机结合料稳定类材料的刚度介于柔性路面材料和刚性路面材料之间，常被称为半刚性材料，以该种材料修筑的基层称为半刚性路面基层。

无机结合料一般采用水泥、石灰和工业废渣（如粉煤灰）等。采用水泥稳定的称为水泥稳定土，采用石灰稳定的称为石灰稳定土，采用石灰和工业废渣综合稳定的称为石灰工业废渣稳定土。各种不同的稳定材料有着不同的强度要求，各稳定混合料的配合比应通过组成设计及相关试验确定。

无机结合料稳定类基层可以采取路拌法的施工方法，也可以采取厂拌法的施工方法。一般规定：对于二级以下的公路，无机结合稳定类基层和底基层可以采用路拌法施工；对于二级公路，应采用专门的稳定土拌和机或使用集中厂拌法制备混合料；对于高速公路和一级公路直接铺筑在土基上的底基层下层，可以使用稳定土拌和机进行路拌法施工。当土基上层已用石灰或固化剂处理时，底基层的下层也宜用集中厂拌法拌制混合料，其上的各稳定土层都应采取集中厂拌法拌制混合料，并用摊铺机摊铺基层混合料。

(二) 半刚性路面基层混合料组成设计

施工时应根据每个结构层的特点，选用符合规范的优质材料。配合比设计所使用的材料和路面基层施工所用材料必须一致。

1. 无机结合料稳定类基层混合料组成设计的一般原则

混合料组成设计所要达到的目标是：碎石级配合理，胶结料含量合适，混合料的强度符合设计要求，有良好的抗裂、抗水害、抗疲劳、耐冻性能，同时能够进行准确的生产控制，易于铺筑和压实，而且比较经济。当结合料的剂量较低，不能达到设计强度时，规范称之为改善土。集料应有较好的级配，传统习惯认为，集料数量以达到靠拢而不紧密为原则，其空隙让无机结合料填充，形成各自发挥优势的稳定结构。最近的一些省市研究和试验，将骨架密实型结构引入半刚性基层混合料，取得了减少裂缝、提高强度的良好效果。半刚性路面基层材料结合料和集料种类繁多，应以就地取材、节约工程成本为前提，并根据混合料组成设计，求得组成合理、经济、实用的效果。

2. 无机结合料稳定类混合料规定的抗压强度

现行混合料组成设计的主要内容是：通过试验选取适宜于半刚性基层的材料，确定满足强度要求的集料和其他材料的配比，确定混合料的最大干密度和最佳含水量。

3. 无机结合料稳定类混合料组成设计方法步骤

（1）从沿线料场或计划使用的远运料场选取有代表性的试样，并进行原材料的试验，以判定样材料可否使用于该工程。试验项目包括：颗粒分析、液限和塑性指数、相对密度、击实试验、碎石或砾石的压碎值、石灰的有效钙和氧化镁含量、水泥的标号和初、终凝时间、粉煤灰的化学成分、细度和烧失量，必要时要对土样的有机质含量和硫酸盐含量进行检测。

（2）根据强度标准和以往的工程经验选择无机结合料的剂

量范围：通过上述原材料的试验，级配差的碎石、碎石土、砂砾、砂砾土等宜首先考虑改善其级配。

（3）各种无机结合料稳定类颗粒组成范围：《公路面基层施工技术规范》对各种无机结合料稳定类的颗粒组成范围有细致的规定，在进行混合料组成设计和施工中应遵守这一规定。

（三）路拌法施工工艺

在路面基层稳定土混合料的搅拌和摊铺施工中，广泛采用路拌法和厂拌法施工工艺，选用哪种方法，应根据公路施工技术规范要求及施工单位拥有的机械设备来决定。路拌法施工仅适用于二级及以下公路以及高速公路、一级公路直接铺筑在土基上的底基层。这里在叙述其施工工艺流程时，以水泥石灰综合稳定类为例，其工艺流程分为以下几个步骤。

1. 准备下承层

下承层的表面应平整、坚实，具有规定的路拱，下承层的平整度、压实度、标高、横坡、弯沉（如为路基顶面）等应符合《公路工程质量检验评定标准》和招标文件相应条款的规定。

下承层如出现表层过于干硬现象，应适当洒水，如土过湿，应采取挖开晾晒、换土、掺石灰或水泥等措施进行处理。下承层出现的表层松散和局部松散，如下承层为土基，可直接洒水压实；如下承层为底基层，应开挖掺拌新结合料后夯实或压实。下承层出现的低洼和坑洞应仔细填压并夯实，下承层出现的搓板和辙槽应刮除。槽式断面的路段应在两侧路肩上，每隔一定距离（5~10 m）交错开挖泄水沟，以便及时排除雨季降水。

2. 施工放样

在下承层上恢复中线、直线段每 15 ~ 20 m 设一桩，曲线段每 10 ~ 15 m 设一桩，并在两侧路肩边缘外设指示桩。在中桩和两侧指示桩标记出运输摊铺路用材料的松铺标高。

3. 备素土、集料

（1）当采用老路面或土基上部材料作铺筑材料时，应首先清出垃圾、石块等杂物，翻松老路面或土基上部，至路基顶面标高，并使土块破碎到要求粒径，初步按设计路拱和预计的松铺厚度整形。

（2）当采用料场的土（含细粒土和中、粗粒土）时，应首先将料场的草皮、树木和杂土清理干净，筛除超粒径的颗粒，使之满足最大颗粒要求，塑性指数大于 15 的黏性土，可视土质和机械性能确定是否需要过筛。在料场预定的深度挖土，不应分层开挖，而是尽可能地一次开挖土层全厚，如果夹有不合格材料，应将不合格材料弃用。

（3）计算土或集料用量，根据稳定土的设计厚度、宽度及预定的干密度计算出干燥土或集料用量，根据料场的含水量和运料车辆的吨位，计算出每车料对应的卸料距离或卸料面积，在同一料场供料的路段内，由远到近将料按上述计算距离或面积卸置于下承层表面的中间或两侧。

（4）当集料需采用多种不同规格的碎石按比例掺配时，上述备料方法不易控制级配，可计算出不同规格的碎石在每延米的体积，在备料时各规格碎石分别运铺，运到后首先码成一个三角形断面或梯形断面的料带，断面尺寸根据该规格材料用量、该材料之松方干重及材料堆自然休止角(决定三角形断面的坡度)计算求得，然后机械或人工摊铺在道路的全断面上，铺完一种规格，用小型压路机或链轨车稳定1~2遍，再运另一种规格的碎石，直至全部材料运铺完成。上述方式称为层铺法。当采用二灰稳定类路拌法施工时，除集料外还有粉煤灰和石灰，也采取这种方法运铺各种路用材料。

(5)摊铺土或集料的注意事项：①应事先通过试验确定土和集料的松铺系数，可用人工或摊土机配合平地机进行摊铺，无论采用人工或是机械摊铺，都应将土或集料均匀地摊铺在预定的宽度上，表面力求平整，并有规定的路拱。②摊铺过程中，应将大的土块、石块和超尺寸颗粒的杂物拣出，检验松铺层的厚度，应符合预计要求，除洒水车辆外应禁止其他车辆在土层上通行，洒水车亦尽可能在便道上通行，使用侧喷法洒水。

4. 洒水闷料

如已整平的土含水量过小，应在土层上洒水闷料，洒水应均匀，防止出现局部水分过多的现象。细粒土应经一夜闷料，中、粗粒土视其中细料含量的多少，可缩短闷料时间，综合稳定土和二灰稳定土也可在拌和后再行闷料，水泥稳定土应预先闷料。

5. 整平和轻压

土层经整形后，使用轻型压路机或链轨车稳压1~2遍，使其表面平整，并有一定的压实度。

6. 消解石灰

石灰应在临时料场集中堆放，临时料场应选择在公路两侧，临近水源且地势较高的地方。生石灰应在使用前 7~10 天充分消解，对于氧化镁含量比较高的镁质石灰，应在使用前 10~15 天消解。每吨石灰消解用水一般在 500~800 kg，消解后的石灰应保持一定的湿度，以免过湿成团，更应避免过干飞扬，消解时应注意加水的均匀性。消解石灰应注意以下两个问题：

（1）料堆不宜太高，宜在 0.8~1.2 m。太高的料堆底部进水困难，消解不完全，消解湿胀后，料堆太高，影响使用安全。

（2）消解时为消解充分，在加水的同时使用机械翻倒；消解后的石灰应过 10 mm 筛，并尽快使用，减少消石灰的有效钙镁含量损失。

7. 运输和摊铺石灰

根据稳定土的设计厚度、混合料组成设计确定的石灰剂量和击实试验确定的最大干密度，计算出该稳定土基层每 1m² 所需的石灰用量，进而计算出每车石灰对应的摊铺面积；使用袋装生石灰粉时，则可计算出每袋石灰的摊铺面积。计算出每车或每袋石灰对应的纵横间距，并确定卸放位置。在规定卸放位置做卸放石灰的标记，并划出摊铺每车或每袋石灰的边线。按规定位置卸放石灰，用刮板将石灰均匀摊开，并量测石灰的松铺厚度，根据石灰的松方密度，校核石灰用量是否合适。

在具体操作中，将每车石灰的装载质量控制得完全一致十分困难。小型机动农用三轮自卸车在某些地区因方便灵活，价格便宜，在运铺石灰环节得到了大量应用。石灰的用量采取体积法来控制，根据稳定土基层的厚度、宽度、石灰剂量计算出每延米的石灰质量，并根据试验的松方干密度计算出每延米的石灰体积,根据路面宽度采取三角形断面沿中线或两侧,卸成1～3条不间断的石灰料带,然后人工或使用平地机摊铺。石灰也可使用粉料撒布机直接撒布。

8.拌和(第一次)

对于二级及以上公路应使用专用的稳定土拌和机进行拌和,设专人跟机检查拌和深度及拌和质量,并配合拌和操作手调整拌和深度。拌和深度检查宜开挖检查,每5～10 m应挖一个检查坑。有些单位使用钢杆插检拌和深度,不能发现素土夹层,这是不可取的。拌和深度应达到稳定层底并宜超拌下承层5～10mm,以利于上下层的黏结,严禁在拌和层底部留有素土夹层。通常拌和应在2遍以上,对于发现素土夹层的部位,可使用多铧犁紧贴下承层表面翻拌一遍,然后使用专用拌和机复拌。直接铺在土基上的拌和层也应避免素土夹层。

对于三级及以下公路,也应尽量使用专用拌和机械拌和,在没有专用拌和机械的前提下,可使用农用旋耕机和多铧犁或平地机相配合拌和,但应特别注意拌和质量,包括拌和的均匀程度,土颗粒的最大粒径等。在拌和过程中,应及时检查混合料的含水量,含水量应当均匀,并宜控制在略大于最佳含水量范围。拌和时,还应安排人工配合拣出超尺寸的颗粒,消除粗细颗粒"窝"及局部过分潮湿或过分干燥之处。拌和完成后,混合料应色泽一致,没有灰条、灰团和花面,没有明显粗细集料离析现象。

9.稳压、洒水、整形

混合料拌和均匀后,应立即用平地机初步整形。在直线段和不设超高的平曲线段，平地机由道路两侧向路中心进行刮平；在设有超高的平曲线段，由内侧向外刮平，然后使用链轨拖拉机或轮胎压路机在初平的路段上快速地碾压一遍，以暴露出潜在的不平整，再次用平地机按上述方法进行整形，整形前使用齿耙将车轮轨迹低洼处表层 5 cm 以上耙松，整形后使用前述方法再次碾压。对于局部低洼处，应先耙松表层 5 cm 以上，再用新混合料找平，之后再次稳压找平。每次整形都应达到规定的坡度和路拱。也可采取人工挂线的方法整形，再使用路拱板来回拖拉几趟。整形并稳压后，如含水量低于最佳含水量范围，可再次洒水。

10. 运铺水泥

采用路拌法施工时，宜使用袋装水泥。首先根据路面基层的设计厚度及通过试验求得的最大干密度和水泥剂量，计算出每平方米需要的水泥剂量，然后计算出每袋水泥对应的摊铺面积，确定水泥摆放的纵横间距，并用石灰粉划格，每格内摆放一袋水泥，方格应呈矩形，长宽比应接近于 1∶1，以利于摊铺。水泥宜当日直接运送到摊铺路段，当天摆放，摆放完成破袋摊铺。摊铺时应使用刮板将水泥均匀摊开，每袋水泥正好铺满各自对应的方格，做到厚度均匀，没有空白位置，也没有过分集中的部位。水泥摊铺也可使用粉料撒布机进行撒布摊铺，使用粉料撒布机撒布时应使用散装水泥，并应注意在大风天气采取措施以防止污染周边的植被。

11. 拌和(第二次)

与上述工序 8 拌和要求相同，注意与上次拌和基本等厚，以使水泥均匀地掺拌到混合料中。

12. 整形

与上述工序 9 要求相同，此时含水量应已经两次调整，已基本在最佳含水量范围，故不需再次洒水。

13. 碾压

整形后，即可组织碾压机械进行碾压，碾压时混合料的含水量应略大于最佳含水量 1% ~ 2%。碾压应遵循先轻后重、先慢后快、先两边后中间（直线段和不设超高的曲线段，设超高的曲线段，曲线内侧向曲线外侧）、先静压后振压的原则进行碾压。碾压时，每次重轮应重叠 1/2 轮宽，重轮压完路面全宽即为一遍，一般需碾压 6 ~ 8 遍，压路机的碾压速度，头两遍宜采用 1.5 ~ 1.7 km/h，以后可加快至 2.0 ~ 2.5 km/h，应禁止压路机在正在碾压或已完成的路段调头或急刹车。

碾压过程中，应保持表面湿润，如水分蒸发过快时，可及时补洒少量的水，以使表面潮湿，但禁止出现水流。碾压过程中，如遇有"弹簧"、起皮、松散等现象，应及时翻松并重新添加适当的稳定材料，重新拌和，然后一起压实。碾压完成前，应迅速地检测标高和横坡，对于高出设计标高的部位，可用平地机刮除，并扫出路外，对于局部低洼处，不再进行找补，留待铺筑其上层次时处理。

水泥稳定类混合料从掺拌水泥到碾压完成的时间，称为延迟时间。虽然在配合比设计和施工时选用了终凝时间较长的水泥，但是水泥是一种速凝性材料，施工时应在试验确定的延迟时间内完成碾压。碾压完成后，混合料基层应达到要求的压实度，且在表面没有明显的轮迹。

14. 接缝和调头处的处理

（1）横向接缝：同日施工的两工作段的衔接处应采用搭接，即前一段拌和整形后，留 5~8 m 不进行碾压，在后一段施工时，前段留下的未碾压部分再加部分水泥重新拌和，并与后一段一起碾压。

第二天摊铺并完成拌和作业之后，移去方木，用人工补充拌和靠近方木未能拌和的一小段，并用混合料回填不足的部分，和正常施工段一起整形，新整形的接缝处应高出已完成断面 3~5 cm，以利于形成一个平顺的接缝，碾压时应将接缝修整平顺。

（2）纵向接缝：稳定土基层施工时，应该避免纵向施工，确因无法封闭交通等原因必须分两幅施工时，纵缝必须垂直相接，禁止斜接。纵向接缝可按下述方法处理：在前一幅施工时，在靠近中央一侧用方木或钢模板支撑，方木或钢模板的高度与稳定土层的压实厚度相同，然后进行摊铺拌和等作业。拌和结束后，靠近支撑模板（木）的部位，人工补充拌和，然后整形碾压。养生结束后，拆除支撑模板。在后一幅施工时，拌和结束后，靠近第一幅的部分，应人工进行补充拌和，然后整形碾压。

15. 养生

稳定土养生应保持一定的湿度，不得忽干忽湿，养生期不得少于 7 天。养生宜采取覆盖措施，可使用草帘、麦草或湿砂进行覆盖，并经常性洒水，使之保持湿润，不得采用湿黏土覆盖，避免形成素土夹层。当上下两层采用相同的稳定材料时，也可在下层完成后的第二天即着手进行其上层次的摊铺，利用上层对下层养生，但应注意在运铺材料过程中对下层进行保护，防止运输机械破坏下层。

养生结束后，必须将覆盖物清除干净，虽然养生达到7天，但如果不能及时进行其上层次的施工，仍应保持基层的湿润状态，以减少干裂，并进一步促使基层强度的增长。

二、级配碎石基层施工

（一）材料要求

（1）轧制碎石的材料可以是各种类型的岩石（软质岩石除外）、圆石或矿渣。圆石的粒径应是碎石最大粒径的3倍以上，矿渣应是已崩解稳定的，其干密度和质量应比较均匀，干密度不小于960 kg/m³。

（2）碎石中针片状颗粒的总含量应不超过20%，不应有黏土块、植物等有害物质。

（3）石屑或其他细集料可以使用一般碎石场的细筛余料，也可以利用轧制沥青表面处治和灌入式用石料时的细筛余料，或专门轧制的细碎石集料。也可以用天然砂砾或粗砂代替石屑。天然砂砾的颗粒尺寸应该合适，必要时应筛除其中的超尺寸颗粒。天然砂砾或粗砂应有较好的级配。

（4）当级配碎石或级配碎砾石用作一级和二级以下公路的基层时，其颗粒组成和塑性指数应满足级配的规定。当级配碎石用作高速公路和一级公路的基层时，其颗粒组成和塑性指数应满足级配的规定。同时，级配曲线宜为圆滑曲线。

（5）在塑性指数偏大的情况下，塑性指数与 0.5 mm 以下细土含量的乘积应符合下列规定：①在年降雨量小于 600 mm 的地区，地下水位对土基没有影响时，乘积不应大于 120。②在潮湿多雨地区，乘积不应大于 100。

（二）级配碎石路拌法施工

1. 备料

根据各路段基层或底基层的宽度、厚度及规定的压实度，按确定的配合比分别计算出各段需要的未筛分碎石和石屑的数量或不同粒级碎石和石屑的数量，计算出每车料的堆放距离。未筛分碎石和石屑可按预定比例在料场混合，同时洒水加湿，使混合料的含水量超过最佳含水量约 1%。未筛分碎石的含水量较最佳含水量大 1% 左右。

2. 运输和摊铺集料

集料装车时，应控制每车料的数量基本相等。在同一料场供料的路段内，宜由远到近卸置集料。卸料距离应严格掌握，避免料不够或过多。当未筛分碎石和石屑分别运送时，应先运送碎石。料堆每隔一定距离应留一缺口。集料在下承层上的堆置时间不应过长。

集料摊铺前应先通过试验确定集料的松铺系数并确定松铺厚度。人工摊铺混合料时，其松铺系数为 1.40～1.50，平地机摊铺混合料时，其松铺系数为 1.25～1.35。

未筛分碎石摊铺平整后，在其较潮湿的情况下，将石屑按计算出的距离卸置其上。用平地机辅以人工将石屑均匀地摊铺在碎石层上。用平地机或其他合适的机具将料均匀地摊铺在预定的宽度上，表面应力求平整，并具有规定的路拱。应同时摊铺路肩用料。采用不同粒级的碎石和石屑时，应将大碎石铺在下层，中碎石铺在中层，小碎石铺在上层。洒水使碎石湿润后，再摊铺石屑。

3. 拌和及整形

①用稳定土拌和机拌和两遍以上。拌和深度应直到级配碎石层底，在进行最后一遍拌和之前，必要时先用多铧犁紧贴底面翻拌一遍。②用平地机进行拌和，宜翻拌 5~6 遍，使石屑均匀地分布于碎石料中。平地机拌和的作业长度，每段宜为 300~500 m。平地机刀片的安装角度要符合要求。拌和结束时，混合料的含水量应均匀，并较最佳含水量大 1% 左右，同时应没有粗细颗粒离析现象。③用缺口圆盘耙与多铧犁相配合拌和级配碎石时，用多铧犁在前面翻拌，圆盘耙紧跟在后面拌和，即采用边翻边耙的方法，共翻耙 4~6 遍。应随时检查、调整翻耙的深度。用多铧犁翻拌时，第一遍由路中心开始，将混合料向中间翻，同时机械应慢速前进。第二遍从两边开始，将混合料向外翻。拌和过程中，应保持足够的水分。拌和结束时，混合料的含水量和均匀性应符合要求。

使用在料场已拌和的级配碎石混合料时，摊铺后混合料如有粗细颗粒离析现象，应用平地机进行补充拌和。用平地机将拌和均匀的混合料按规定的路拱进行整平和整形，在整形过程中，应注意消除粗细集料离析现象。用拖拉机、平地机或轮胎压路机在已初平的路段上快速碾压一遍，以暴露潜在的不平整。再用平地机进行整平和整形。

4. 碾压

经过整形后，当混合料的含水量等于或略大于最佳含水量时，应立即用 12 t 以上三轮压路机、振动压路机或轮胎压路机进行碾压。在直线和不设超高的平曲线段，由两侧路肩开始向路中心碾压，在设超高的平曲线段，由内侧路肩向外侧路肩进行碾压。

碾压时，后轮应重叠 1/2 轮宽且必须超过两段的接缝处。后轮压完路面全宽时即为一遍，碾压一直进行到要求的密实度为止。一般需碾压 6 ~ 8 遍，应使表面无明显轮迹，路面的两侧应多压 2 ~ 3 遍。压路机的碾压速度，头两遍以采用 1.5 ~ 1.7 km/h 为宜，以后用 2.0 ~ 2.5 km/h。严禁压路机在已完成或正在碾压的路段上调头或急刹车。凡含土的级配碎石层，都应进行滚浆碾压，一直压到碎石层中无多余细土泛到表面为止。滚到表面的浆（或事后变干的薄土层）应清除干净。

5. 横缝处理

两作业段的衔接处应搭接拌和。第一段拌和后，留 5 ~ 8 m 不进行碾压，在第二段施工时，前段留下的未压部分与第二段一起拌和整平后进行碾压。

6. 纵缝处理

应避免纵向接缝。在必须分两幅铺筑时，纵缝应搭接拌和，前一幅全宽碾压密实，在后一幅拌和时，应将相邻的前幅边部约 30 cm 搭接拌和，整平后一起碾压密实。

(三) 级配碎石厂拌法施工

1. 拌和

级配碎石混合料可以在拌和站用多种机械进行集中拌和，如强制式拌和机、卧式双转轴桨叶式拌和机、普通水泥混凝土拌和机等。对于用于高速公路和一级公路的级配碎石基层和底基层，宜采用不同粒级的单一尺寸碎石和石屑，按预定配合比在拌和机内拌制级配碎石混合料。不同粒级的碎石、石屑等细集料应隔离，分别堆放。细集料应有覆盖，防止雨淋。在正式拌制级配碎石混合料之前，必须先调试所用的厂拌设备，使混合料的颗粒组成和含水量都能达到规定的要求。在采用未筛分碎石和石屑时，如颗粒组成发生明显变化，应重新调试设备。

将级配碎石用于高速公路和一级公路时，应用沥青混凝土摊铺机或其他碎石摊铺机摊铺碎石混合料。摊铺机后面应设专人消除粗细集料离析现象。级配碎石用于二级和二级以下公路时，如没有摊铺机，也可用自动平地机 (或摊铺箱) 摊铺混合料。

2. 整形和碾压

用平地机摊铺混合料后的整形和碾压均与路拌法施工相同。

3. 接缝处理

(1) 横向接缝处理：用摊铺机摊铺混合料时，靠近摊铺机当天未压实的混合料，可与第二天摊铺的混合料一起碾压，但应注意此部分混合料的含水量。必要时，应人工补充洒水，使其含水量达到规定的要求。

(2) 纵向接缝处理：应避免纵向接缝。如摊铺机的摊铺宽度不够，必须分两幅摊铺时，宜采用两台摊铺机一前一后相隔5~8 m同步向前摊铺混合料。如仅有一台摊铺机的情况下，可先在一条摊铺带上摊铺一定长度后，再开到另一条摊铺带上摊铺，然后一起进行碾压。

在不能避免纵向接缝的情况下，纵缝必须垂直相接，不应斜接。在前一幅摊铺时，靠后一幅的一侧应用方木或钢模板做支撑，方木或钢模板的高度与级配砾石层的压实厚度相同，在摊铺后一幅之前，将方木或钢模板除去。如在摊铺前一幅时未用方木或钢模板支撑，靠边缘的30 cm左右难于压实，而且会形成一个斜坡，在摊铺后一幅时，应先将未完全压实部分和不符合路拱要求部分挖松并补充洒水，待后一幅混合料摊铺后一起进行整平和碾压。

三、级配砾石基层施工

（一）材料要求

（1）级配砾石用作基层时，砾石的最大粒径不应超过37.5 mm；用作底基层时，砾石的最大粒径不应超过53 mm。

（2）砾石颗粒中细长及扁平颗粒的含量不应超过20%。

（3）级配砾石基层的颗粒组成和塑性指数应满足规定，同时级配曲线应为圆滑曲线。在塑性指数偏大的情况下，塑性指数与0.5 mm以下细土含量的乘积应符合下列规定：①在年降雨量小于600 mm的中干旱和干旱地区，地下水位对路基没有影响时，乘积不应大于120。②在潮湿多雨地区，乘积不应大于100。

(4) 当用于基层在最佳含水量下制备的级配砾石试件干密度与工地规定达到的压实干密度相同时，浸水 4 天的承载比值应不小于 160%。

(5) 用作底基层的砂砾、砂砾土或其他粒状材料的级配，应位于范围内，液限应小于 28%，塑性指数应小于 9。

(6) 当用作底基层在最佳含水量下制备的级配砾石试件干密度与工地规定达到的压实干密度相同时，浸水 4 天的承载比值在轻交通道路上应不小于 40%，在中等交通道路上应不小于 60%。

(二) 级配砾石施工工艺

(1) 级配砾石施工工艺流程为：准备下承层→施工放样→运输和摊铺集料→洒水拌和→整形→碾压。

(2) 准备下承层和施工放样的有关要求同半刚性路拌法施工中的准备下承层和施工放样要求相同。

(3) 运输和摊铺集料：在同一料场供料的路段内，由远到近将料按计算出的距离卸置于下承层上。材料用量应根据各路段基层或底基层的宽度、厚度及预定的干密度，计算出各段需要的集料数量。如级配砾石系用两种集料合成时，分别计算出两种集料的数量。根据料场集料的含水量以及所用运料车辆的吨位，计算出每车材料的堆放距离。采用两种集料时，应先将主要集料运到路上，待主要集料摊铺后，再运另一种集料并摊铺。如果粗细两种集料的最大粒径相差很多，应在粗集料处于潮湿状态下摊铺细集料。集料在下承层上的堆置时间不宜过长。运送集料较摊铺集料工序宜提前较少天数。

检查松铺材料层的厚度是否符合预计要求，必要时应进行减料或补料工作。

（4）拌和及整形：用平地机拌和时，每一作业段的长度宜为300~500 m。刀片的安装角度同级配碎石的要求相符。一般需拌和5~6遍。在拌和过程中，用洒水车洒足所需的水分。使用符合级配要求的天然砂砾时，如摊铺后混合料有粗细颗粒离析现象，应用平地机进行补充拌和。用平地机将拌和均匀的混合料按规定的路拱进行整平和整形。

第三节　路面工程施工质量监督

路面工程直接承受行车荷载，且暴露在大气之中，受风吹、日晒、雨淋和冻融等诸多自然条件的影响较大，强化路面施工质量管理是保证工程优质的最重要环节。只有强化施工过程中的质量管理，尤其是重点质量监控点的施工控制，才能更好地保证工程质量。

一、路面工程施工质量重点监控点

（一）路面基层（底基层）施工质量重点监控点

（1）当采用路拌法施工时，路面基层（底基层）应着重监控以下要点：①原材料的松铺厚度和摊铺的均匀程度。原材料包括土、碎石、水泥、石灰、粉煤灰等，结合料剂量的控制方法，保证配合比准确性的措施，EDTA滴定试验。②原材料的含水量检验。③拌和深度的控制方法，防止出现夹层的措施，拌和均匀性的检查。④高程与横坡度的施工控制。⑤压实机械的组合形式、碾压方法、碾压遍数和压实度的质量检验。⑥接头部位的处理，保证前后施工段的平整。⑦保湿养生。⑧水泥稳定类延迟时间的控制。⑨未成型基层的交通管制。

（2）当采用厂拌法施工时，路面基层（底基层）应着重监控以下要点：①原材料的质量，料场硬化，不同规格的石料隔离措施。②拌和机配合比的准确性，尤其是防止易结块的粉状料堵塞喂料斗的筛孔。③各种原材料的含水量检测和拌和加水量的调整，使混合料处于最佳含水量范围。④装运卸料和摊铺过程中防止混合料离析。⑤摊铺过程中平整度控制，纵横向接缝的施工方法，联机摊铺时的相互配合。⑥碾压与养生。⑦施工便道畅通，保护未成型路段。

（二）沥青类路面施工质量重点监控点

（1）沥青的标号、质量指标和其适用的环境，乳化沥青的质量指标和其基质沥青的质量状况。

（2）石料的强度，石料与沥青的黏附性，粗集料的颗粒形状、耐磨性能、压碎值等。

（3）拌和机的结构与性能，与工程要求的适应程度。

（4）配合比的检查与监控，沥青用量的检测。

（5）温度监控包括沥青加热温度、石料加热温度、混合料出厂温度、摊铺温度、初压和终压温度的监控。

（6）防止混合料离析的措施。

（7）摊铺机与自卸汽车的配合，保证摊铺机均匀不间断地摊铺。

（8）厚度的施工控制。

（9）纵横向接缝的处理。

（10）未冷却路面禁止通行，沥青灌入式或沥青表处的交通管制。

（三）水泥类路面施工质量重点监控点

（1）水泥、石料、砂的质量指标满足要求。

（2）搅拌机的性能，包括产量、搅拌均匀性、配合比的准确性满足要求。

（3）配合比的准确性检查、和易性检查、试件制作和强度试验。

（4）摊铺、振捣、饰面等的控制，拉杆、传力杆的设置。

（5）防止和避免混凝土离析的措施。

（6）模板架设的顺直度，相邻模板的高差，模板架设的牢固程度，拆模时对路面板的保护。

（7）胀缝制作。

（8）切缝方法、切缝时间和填缝。

（9）养生和交通管制。

二、安全施工

路面工程材料用量大，动用机械多，需要多个施工现场，用水、用电、用油，安全生产存在的隐患点比较多，必须高度重视安全生产。

(一)料场、拌和场安全生产要点

(1)料场、拌和场的生产区和生活区要分开，整个场地有排污和排水设施。

(2)电力线路要规范，临时用电线路应使用电缆线，并按规定架设或埋设。

(3)油库、仓库应符合消防要求，配备必要的消防设施。

(4)办公区如使用煤炉取暖，应有防止煤气中毒的措施。

(5)施工管理人员应戴安全帽，吊臂下、传送带下禁止站人、禁止有人作业。

(6)建立夜间值班制度，防火防盗。

(7)进出口道路和场内运输设备运行线路减少相互干扰。

(8)拌和设备检修或清理，必要时(如清理搅拌仓等)应切断电源。

(二)施工现场安全要点

(1)根据工程具体情况，设立施工标志、限速标志或禁行标志。

(2)遵守机械操作规程，合理安排机械作业运行线路。

（3）定期对设备进行保养和维修，保持机械的良好状态。

（4）自卸卡车在向前进的摊铺机械倒料时，应专人指挥、密切配合，禁止撞击摊铺机，运行过程中应轻踩自卸卡车的刹车，防止卡车滑溜。

（5）在热铺沥青混合料或洒布沥青时，操作人员配备必要的防护用品，防止烫伤。

（6）消解和摊铺石灰、水泥时，配备防护眼镜。大风天气，禁止摊铺石灰、水泥等易扬尘易污染环境的粉状物。

（7）运输车辆应避免在陡坡停车、调头，运输车辆禁止急转弯、急刹车。

（三）消解石灰安全要点

消解石灰时，石灰体积会膨胀 2 倍以上，并且散发大量热量，遇大风天气，尘粒飞扬，对周边环境和操作人员有较大影响。消解石灰时应注意以下几点：

（1）生石灰不应堆得太高，宜保持在 1.0 m 左右的高度。

（2）尽可能使用石灰粉碎消解机进行消解。

（3）人工消解时，操作人员应配备防护眼镜、防护手套、防护靴等。

（4）操作人员应处在上风口，边翻拌边加水，尽可能使用挖掘机或装载机翻拌，人工翻拌劳动强度大且易出现烫伤和眼角膜炎症。

（5）加水量宜略大于化学反应计算所需水量的 1.3 ~ 1.8 倍，以消解充分、保持水分和防止扬尘。

（四）沥青洒布作业安全施工要点

（1）检查洒布车辆、洒布装置、防护、防火设施是否齐全有效。

（2）沥青罐如果装运过乳化沥青，当再次装运热沥青时，应缓慢小心加注，防止沥青泡沫对人身造成伤害。

（3）使用加热喷灯、加热管线和沥青泵前，应首先封闭吸油管和进料口。

（4）洒布车应中速行驶，弯道提前减速，行驶时禁止使用加热系统。

（5）喷洒作业前，应对路缘石、桥栏杆等进行遮挡，避免污染其他构筑物。

（6）操作人员应配备安全防护设施，施工中注意自身安全。

（7）质量检测和施工监理人员应站在上风口，喷洒方向10 m以内不得有人停留。

（五）沥青拌和站操作安全要点

（1）沥青拌和站应在燃料（燃油、煤）储存处设置必需的消防器材和消防设施，如灭火器、砂、铁锹等。

（2）用泵抽送热沥青进出油罐时，操作人员应远离，无关人员应避让。注入沥青的总数量应和油罐的设计容量相对应，不得超量注入。

（3）使用导热油加热时，加热炉应在加热前进行耐压试验，水压力不得低于额定工作压力的2倍，导热油加热系统的泵、阀门和安全附件应符合安全要求，超压、超温报警系统应灵敏可靠。

（4）拌和站的各种设备，在运转前均应由机电和计算机操作人员仔细检查，确认正常后，开始按顺序启动。

（5）点火后，观察除尘器是否工作正常，必须保证烘干滚筒在正常负压下燃烧。

（6）拌和站启动后，各岗位操作人员要随时检查、监督各部位运转情况，一旦发现异常，立即报告机长，并及时排除故障。

（7）料斗下禁止站人或从料斗下经过，检修料斗时，必须将保险链挂好。

（8）滚筒或拌和仓清理检修时，必须切断电源，且在筒（仓）外始终有人监护。

（9）停机前，应首先停止进料，等各部位卸料完毕后才可以停机，再次启动时，不得带荷启动。

（10）紧急停车按钮只能在涉及人员安全的紧急情况下使用，一旦使用后再次启动时，应注意启动顺序。

第四节　路面工程质量通病及防治

一、无机结合料基层裂缝的防治

（一）原因分析

（1）混合料中石灰、水泥、粉煤灰等比例偏大，集料级配中细料偏多，或石粉中性指数偏大。

(2) 碾压时含水量偏大。

(3) 成型温度较高，强度形成较快。

(4) 碎石中含泥量较高。

(5) 路基沉降尚未稳定或路基发生不均匀沉降。

(6) 养护不及时、缺水或养护时洒水量过大。

(7) 拌和不均匀。

(二) 预防措施

(1) 石灰稳定土基层裂缝的主要防治方法：①改善施工用土的土质，采用塑性指数较低的土或适量掺加粉煤灰。②掺加粗粒料，在石灰土中适量掺加砂、碎石、碎砖、煤渣及矿渣等。③保证拌和遍数，控制压实含水量，需要根据土的性质采用最佳含水量，避免含水量过高或过低。④铺筑碎石过渡层，在石灰土基层与路面间铺筑一层碎石过渡层，可有效避免裂缝。⑤分层铺筑时，在石灰土强度形成期，任其产生收缩裂缝后，再铺筑上一层，可有效减少新铺筑层的裂缝。⑥设置伸缩缝，在石灰土层中，每隔 5～10 m 设一道伸缩缝。

(2) 水泥稳定土基层裂缝的主要防治方法：①改善施工用土的土质，采用塑性指数较低的土或适量掺加粉煤灰、砂。②控制压实含水量，需要根据土的性质采用最佳含水量，含水量过高或过低都不好。③在能保证水泥稳定土强度的前提下，尽可能采用低的水泥用量。④一次成型，尽可能采用慢凝水泥，加强对水泥稳定土的养护，避免水分挥发过快。养护结束后应及时铺筑下封层。⑤设计合理的水泥稳定土配合比，加强拌和，避免出现粗细料离析和拌和不均匀的现象。

（三）治理措施

（1）可采用聚合物加特种水泥压力注入法修补水泥稳定粒料的裂缝。

（2）加铺高抗拉强度的聚合物网。

（3）对于破损严重的基层，应将原破损基层整幅开挖维修，不应横向、局部或一个单向车道开挖，以避免板边受力产生的不利后果，最小维修长度一般为 6 m。维修半刚性基层所用材料也应是同类半刚性材料。

（4）一般情况下，石灰土被用于底基层时，根据其干缩特性，应重视初期养护，保证基层表面处于潮湿状态，防止干晒。在石灰稳定土施工结束后，要及早铺筑面层，使基层含水量不发生大的变化，以减轻干缩裂隙。

二、沥青混凝土路面不平整的防治

（一）原因分析

（1）路面不均匀沉降。

（2）基层不平整对路面平整度的影响。

（3）桥头、涵洞两端及桥梁伸缩缝的跳车。

（4）路面摊铺机械及工艺水平对平整度的影响。

（5）面层摊铺材料的质量对平整度的影响。

（6）碾压对平整度的影响。

（二）预防措施

（1）在摊铺机及找平装置使用前，应仔细设置和调整，使其处于良好的工作状态，并根据实铺效果进行随时调整。

（2）现场应设置专人指挥运输车辆，以保证摊铺机均匀连续作业，摊铺机不得中途停顿，不得随意调整摊铺机的行驶速度。

（3）路面各个结构层的平整度应严格控制，严格工序间的交验制度。

（4）针对混合料中沥青的性能特点，确定压路机的机型及重量，并确定出施工的初次碾压温度，合理选择碾压速度，严禁在未成型的油面表层急刹车或快速起步，并选择合理的振频、振幅。

（5）在摊铺机前设专人清除掉在"滑靴"前的混合料及摊铺机履带下的混合料。

（6）为改进构造物伸缩缝与沥青路面衔接部位的牢固及平顺，先摊铺沥青混凝土面层，再做构造物伸缩缝。

（7）做好沥青混凝土路面接缝施工。

（三）治理措施

（1）在摊铺层表面有个别超尺寸颗粒，被熨平板带动而在层面划出不规则的小沟，或在其后形成小坑洞。处理方法为人工及时用适量的细骨料沥青混合料填补，并及时碾压整平。

（2）摊铺机后局部一片或一条较宽的带内沥青混合料中的

大碎石被压碎。处理方法为人工及时把被压碎的碎石混合料铲除，并选用合适的沥青混合料补齐整平。

（3）表面层混合料有离析现象（大料集中）。处理方法为人工及时补撒适量的细骨料沥青混合料。

三、沥青混凝土路面接缝病害的防治

（一）原因分析

（1）横向接缝：①采用平接缝时，边缘未处理成垂直面。采用斜接缝时，施工方法不当。②新旧混合料的黏结不紧密。③摊铺、碾压不当。

（2）纵向接缝：①施工方法不当。②摊铺、碾压不当。

（二）预防措施

（1）横向接缝：①尽量采用平接缝，将已摊铺的路面尽头边缘在冷却但尚未结硬时锯成垂直面，并与纵向边缘成直角，或趁未冷却时用凿岩机或人工垂直刨除端部层厚不足的部分。采用斜接缝时，注意搭接长度，一般为 0.4～0.8 m。②预热软化已压实部分路面，加强新旧混合料的黏结。③摊铺机起步速度要慢，并调整好预留高度，摊铺结束后立即碾压。压路机先进行横向碾压（从先铺路面上跨缝开始，逐渐移向新铺面层），再纵向碾压成为一体，碾压速度不宜过快，同时要注意碾压的温度符合要求。

（2）纵向接缝：①尽量采用热接缝施工，采用两台或两台

以上摊铺机梯队作业。当半幅路施工或因特殊原因而产生纵向冷接缝时，宜加设挡板或加设切刀切齐，也可采用在混合料尚未冷却前用镐刨除边缘留下毛缝的方式。铺另半幅前必须将接缝边缘清扫干净，并涂洒少量黏层沥青。②将已摊铺混合料留 10~20 cm 暂不碾压，作为后摊铺部分的高程基准面，待后摊铺部分完成后一起碾压。纵缝如为热接缝时，应以 1/2 轮宽进行跨缝碾压；纵缝如为冷接缝时，应先在已压实路上行走，只压新铺层的 10~15 cm，随后将压实轮每次再向新铺面移动 10~15 cm。③碾压完成后，用 3 m 直尺检查，用钢轮压路机处理棱角。

（三）治理措施

接缝处理不好常容易产生的缺陷是接缝处下凹或凸起，由于接缝压实度不够和结合强度不足而产生裂纹甚至松散。施工时应边压边以 3 m 直尺测量，并配以人工细料找平。对于横向接缝，在摊铺层施工结束后再用 3 m 直尺检查端部平整度，有不符合要求的应趁混合料尚未冷却时立即处理，以摊铺层面直尺脱离点为界限，用切割机切缝挖除。

四、水泥混凝土路面裂缝的防治

（一）原因分析

（1）横向裂缝：①混凝土路面切缝不及时，由于温缩和干缩发生断裂。混凝土连续浇筑长度越长，浇筑时气温越高，基层表面越粗糙越易断裂。②切缝深度过浅，由于横断面没有明显削弱，应力没有释放，因而在邻近缩缝处产生新的收缩缝。③混凝土路面基础发生不均匀沉陷（如穿越河道、沟槽、拓宽路段处），导致板底脱空而断裂。④混凝土路面板厚度与强度不足，在行车荷载和温度作用下产生强度裂缝。⑤水泥干缩性大；混凝土配合比不合理，水灰比大；材料计量不准确；养护不及时。⑥混凝土施工时，振捣不均匀。

（2）纵向裂缝：①路基发生不均匀沉陷，如由于纵向沟槽下沉、路基拓宽部分沉陷、路堤一侧积水、排灌等导致路基基础下沉，板块脱空而产生裂缝。②由于基础不稳定，在行车荷载和水、温度的作用下，产生塑性变形，或者由于基层材料水稳性不良，产生湿软膨胀变形，导致各种形式的开裂，纵缝也是其中一种破坏形式。③混凝土板厚度与基础强度不足产生的荷载型裂缝。

（3）龟裂：①混凝土浇筑后，表面没有及时覆盖，在炎热或大风天气，表面游离水分蒸发过快，体积急剧收缩，导致开裂。②混凝土拌制时水灰比过大，模板与垫层过于干燥，吸水大。③混凝土配合比不合理，水泥用量和砂率过大。④混凝土表面过度振捣或抹平，使水泥和细集料过多上浮至表面，导致缩裂。

（二）预防措施

（1）横向裂缝：①严格掌握混凝土路面的切缝时间。②当连续浇捣长度很长，切缝设备不足时，可在1/2长度处先锯，之后再分段锯。可间隔几十米设一条压缝，以减少收缩应力的积聚。③保证基础稳定、无沉陷。在沟槽、河道回填处必须按规范要求，做到密实、均匀。④混凝土路面的结构组合与厚度设计应满足交通需要，特别是承载重车、超重车的路段。⑤选用干缩性较小的硅酸盐水泥或普通硅酸盐水泥。严格控制水泥用量，保证计量准确，并及时养护。⑥混凝土施工时，振捣要适度、均匀。

（2）纵向裂缝：①对于填方路基，应分层填筑、碾压，保证均匀、密实。②对于新旧路基界面处的施工，应设置台阶或格栅处理，保证路基衔接部位的严格压实，防止相对滑移。③对于河道地段，淤泥必须彻底清除。对于沟槽地段，应采取措施保证回填材料有良好的水稳性和压实度，以减少沉降。④在上述地段应采用半刚性基层，并适当增加基层厚度；在拓宽路段应加强土基，使其具有略高于旧路的强度，并尽可能保证有一定厚度的基层能全幅铺筑；在容易发生沉陷的地段，混凝土路面板应铺设钢筋网或改用沥青路面。⑤混凝土路面板厚度与基层结构应按现行规范设计，以保证应有的强度和使用寿命。基层必须稳定，宜优先采用水泥、石灰稳定类基层。

（3）龟裂：①混凝土路面浇筑后，应及时用潮湿材料覆盖，认真浇水养护，防止强风和暴晒。在炎热季节，必要时应搭棚施工。②在配制混凝土时，应严格控制水灰比和水泥用量，选择合适的粗骨料级配和砂率。③在浇筑混凝土路面时，应将基层和模板浇水湿透，避免吸收混凝土中的水分。④当干硬性混凝土采用平板振动器时，应防止过度振捣而使砂浆积聚表面。砂浆层厚度应控制在 2~5 mm。抹面时不必过度抹平。

（三）治理措施

（1）横向裂缝：①当板块裂缝较大，咬合能力严重削弱时，应局部翻挖修补，先沿裂缝两侧一定范围画出标线，最小宽度不宜小于1 m，标线应与中线垂直，然后沿缝锯齐，凿去标线间的混凝土，浇捣新混凝土。②整块板更换。③用聚合物灌浆法封缝或沿裂缝开槽嵌入弹性或刚性黏合修补防水材料，起到封缝防水作用。

（2）纵向裂缝：①如属于由土基沉陷原因引起的，则宜先从稳定土基着手或者等待自然稳定后，再着手修复。在过渡期可采取一些临时措施，如封缝防水。严重影响交通的板块，挖除后可用沥青混合料修复。②对于裂缝的修复，采用一般性的扩缝嵌填或浇筑专用修补剂虽有一定效果，但耐久性不易保证；采用扩缝加筋的办法进行修补具有较好的增强效果。③翻挖重铺是一个常用的有效措施，但基层必须稳定可靠，否则，必须首先从加强、稳定基层方面入手。

（3）龟裂：①如混凝土在初凝前出现龟裂，可采用镘刀反复压抹或重新振捣的方法来消除，再加强湿润覆盖养护。②一般对结构强度无甚影响，可不予处理。③必要时应用注浆进行表面涂层处理，封闭裂缝。

五、水泥混凝土路面断板的防治

(一) 原因分析

(1) 混凝土板的切缝深度不够、不及时以及压缝距离过大。

(2) 车辆过早通行。

(3) 原材料不合格。

(4) 由于基层材料的强度不足，水稳性不良，以致受力不均，出现应力集中而导致的开裂断板。

(5) 基层标高控制不严和不平整。

(6) 混凝土配合比不当。

(7) 施工工艺不当。

(8) 边界原因。

(二) 预防措施

(1) 做好压缝并及时切缝。

(2) 控制交通车辆。

(3) 合格的原材料是保证混凝土质量的必要条件。

(4) 强度、水稳性、基层标高及平整度的控制。

(5) 施工工艺的控制。

(6) 边界影响的控制。

(三) 治理措施

(1) 裂缝的修补：方法有直接灌浆法、压注灌浆法、扩缝灌注法、条带罩面法、全深度补块法。

（2）局部修补：①对于轻微断裂，裂缝有轻微剥落的断板，先画线放样，按画线范围开凿成深 5 ~ 7 cm 的长方形凹槽，刷洗干净后，用快凝细石混凝土填补。②对于轻微断裂，裂缝较宽且有轻微剥落的断板，应按裂缝两侧至少各 20 cm 的宽度放样，按画线范围开凿成深至板厚一半的凹槽，此凹槽底部裂缝应与中线垂直，刷洗干净凹槽，在凹槽底部裂缝的两侧用冲击钻离中线沿平行方向，间距为 30 ~ 40 cm，打眼贯通至板厚达基层表面，然后再清洗凹槽和孔眼，在孔眼安设Ⅱ型钢筋，冲击钻钻头采用 30 规格，Ⅱ型钢筋采用 22 螺纹钢筋，安设钢筋完成后，用高等级砂浆填塞孔眼至密实，最后用与原路面相同等级的快凝混凝土浇筑至路面齐平。③较为彻底的办法是将凹槽凿至贯通板厚，在凹槽边缘两侧板厚中央打洞，深 10 cm，直径为 4 cm，水平间距为 30 ~ 40 cm。每个洞应先将其周围润湿，插入一根直径为 18 ~ 20 mm、长约 20 mm 的钢筋，然后用快凝砂浆填塞捣实，待砂浆硬后浇筑快凝混凝土夯实齐平路面即可。

（3）整块板更换：对于严重断裂，裂缝处有严重剥落，板被分割成 3 块以上，有错台或裂块并且已经开始活动的断板，应采用整块板更换的措施。由于基层强度不足或渗水软化以及路基不均匀沉降，造成混凝土板断裂成破碎板或严重错台时，应将整块板凿除，在处置好基层以及路基后，重新铺筑新的混凝土板，或采用混凝土预制块或条块石换补。对于路基稳定性差，沉降没有完全结束的段落，建议采用预制块换补断板。对基层也要求采用水泥稳定层。修补块的缝隙宜用水泥砂浆或沥青橡胶填满，以防渗水破坏。

在采用重新浇筑新的混凝土板时，若采用常规材料修复或更换，则养护期长，影响交通，最好采用快凝材料。

第三章　桥梁、涵洞与隧道施工技术

第一节　桥梁、涵洞施工的技术标准

一、桥梁的组成与分类

（一）桥梁组成

桥梁通常由下部结构、支座、上部结构、桥面系及附属设施等组成。桥面系及附属设施是直接与桥梁服务功能有关的部件，包括：桥面铺装、防水及排水设施，桥面伸缩装置，人行道与安全带，护栏与隔离设施，桥梁照明设施，桥梁结构与路堤的衔接，桥梁防撞保护设施，桥梁防震抗震设施，桥梁标志、标线、视线导引与防眩设施，桥梁防噪与防雪走廊，桥头引道与调治构筑物，桥头建筑和周边景观设计等。与桥梁结构有关的名词主要有：

（1）净跨径：梁式桥是设计洪水位线以上相邻两个桥台（墩）之间的水平距离。拱式桥是拱跨两个拱脚截面最低点之间的水平距离。总跨径是指多孔桥梁中各孔净跨径之和，它反映了桥下排泄洪水的能力。

（2）计算跨径：对于具有支座的桥梁，是指桥跨结构相邻两个支座中心之间的距离；对于拱式桥，是相邻拱脚截面形心之间的水平距离。桥梁结构的分析计算以计算跨径为准。

(3) 建筑高度：桥上行车路面至桥跨结构最下缘之间的距离，它与桥梁结构和跨径大小有关，也与桥面布置高度有关。

(4) 净矢高：拱桥拱顶截面下缘至相邻两拱脚截面下缘最低点之间连线的垂直距离，通常以 f_0 表示。

(二) 桥梁分类

(1) 按跨径分类：特大桥、大桥、中桥、小桥和涵洞。

(2) 按桥梁受力特点分类：拱式桥、梁式桥、悬吊式桥和组合系桥梁。

(3) 按承重结构的材料分类：石拱桥、钢筋混凝土桥 (预应力)、钢桥。

(4) 按用途分类：公路桥、公路铁路两用桥、农村道路桥、人行桥、管线桥和渡槽桥。

(5) 按跨越障碍性质分类：跨河、跨线桥 (立体交叉)、高架桥、栈桥。

(6) 按上部结构行车道位置分类：上承式、下承式、中承式拱桥。

(7) 按桥面布置分类：双向车道布置、分车道布置、双层桥面布置。

二、桥梁、涵洞技术指标

（一）桥梁、涵洞设计洪水频率

为了保证桥涵孔泄洪能力和桥梁行车安全，桥梁、涵洞设计必须高出桥涵设计洪水频率的水位至少 0.25 m。设计洪水频率是指桥涵设计洪水位发生的频率（1/100 表示百年一遇），不同等级公路的设计技术标准要求不同。

（二）桥梁与涵洞孔径

桥涵孔径的设计不宜过分压缩河道、改变水流的天然状态，应注意河床地形和考虑壅水冲刷对上下游的影响，确保桥涵附近河道与路堤的稳定。

桥梁全长，对于有桥台的桥梁应为两岸桥台侧墙或八字墙尾端之间的距离，对于无桥台的桥梁应为桥面系长度。

当新建桥梁跨径在 50 m 及以下时，宜采用标准化跨径。

桥涵标准化跨径规定如下：0.75 m、1.0 m、1.25 m、1.5 m、2.0 m、2.5 m、3.0 m、4.0 m、5.0 m、6.0 m、8.0 m、10 m、13 m、16 m、20 m、25 m、30m、35m、40m、45m、50m。

（三）桥面净空

公路桥梁建筑限界应与所在路线的路基宽度保持一致。桥上设置的各种管线等设施不得侵入公路建筑限界。建筑限界应符合《公路工程技术标准》的规定。

高速公路桥梁宜设为上、下行两座分离的独立桥梁，间距一般为 0.5 m，并应设置检修道和护栏，不宜设人行道。

一级至四级公路桥梁人行道和栏杆或检修道和护栏的设置应视需要而定，并应与前后路基横断面布置协调。桥梁人行道的宽度宜为 0.75 m 或 1.0 m，大于 1.0 时，按 0.5 m 的级差增加，当设路缘石时，路缘石高度取用 0.25 ~ 0.35 m。

(四) 桥下净空

桥下净空应符合公路建设限界的规定，高速、一级、二级公路的净空高度应为 5.0 m，三级、四级公路净空高度应为 4.5 m。当检修道、人行道与行车道分开设置时，其净高应为 2.5 m。通航或流放木筏的河流应符合通航标准或流放木筏的要求。

第二节　桥梁的上下施工结构

一、桥梁下部结构

桥梁下部结构由基础和墩台两个部分组成，是支撑支座以上全部荷载，并将其传递到地基中的传力构造物。

(一) 桥台

桥台由台身、台帽组成，分重力式桥台和轻型桥台两种类型。重力式桥台的主要特点是靠自身重力来平衡外力而保持其稳定，缺点是圬工体积较大。轻型桥主要借助结构物的整体刚度和材料强度来承受外力，采用筋混凝土材料建造，其桥台体积小、自重轻，能降低对地基强度的要求。常用的轻型桥台有埋置式桥台、钢筋混凝土薄壁桥台、有支撑梁的轻型桥台、加筋土桥台等几种类型。

1. 重力式桥台

通常采用 U 形桥台，后台的土压力主要靠桥台自重来平衡，圬工材料多数由石、片石混凝土或混凝土等组成。

2. 埋置式桥台

埋置式桥台是将台身埋在锥形护坡中，桥台所受的土压力减小，桥台的体积较 U 形桥台小，其缺点是护坡伸入桥孔，压缩了河道。埋置式桥台按台身的结构形式，分为后倾式、肋墙式、桩柱式和框架式等。

（1）后倾埋置式桥台：属于一种实体重力式桥台，它的工作原理是靠台身后倾，使重心落在基底截面的形心之后，以平衡台后填土的倾覆力矩，桥台由台帽、耳墙、台身和基础组成。

（2）肋墙埋置式桥台：由两片后倾式肋墙与顶面台帽（盖梁）连接而成，一般情况下肋墙设置在桩基承台上。

（3）桩柱埋置式桥台：适宜各种土壤地基，根据桥宽和地基承载能力要求设三柱或多柱形式。柱与钻孔桩相连的称为桩柱式，柱子嵌固在普通扩大基础之上的称为立柱式。

（4）框架埋置式桥台：既比桩柱埋置式桥台有更好的刚度，又比肋墙埋置式桥台更节约圬工体积。框架埋置式桥台结构基底较宽，通过系梁联成一个框架体的稳定性较好，可用于填土高度在 5 m 以下的桥台，一般与跨径为 16 m 和 20 m 的梁式上部结构配合应用。框架埋置式桥台的不足之处是必须用双排桩基，材料用量均较桩柱式的多。

3. 钢筋混凝土薄壁桥台

钢筋混凝土薄壁桥台由扶壁墙和两侧的薄壁侧墙构成，常用的形式有扶壁式、箱式、悬臂式、撑墙式等。

台顶由竖直小墙和支于扶壁上的水平板构成，用以支撑桥跨结构。两侧薄壁可以与前墙垂直，有时也做成与前墙斜交，前者称为 U 字形薄壁桥台，后者称为八字形薄壁翼墙桥台，薄壁桥台的前墙可以等厚度，也可以不等厚度。变厚度台身的背坡一般为 2 : 1 ~ 4 : 1；八字形薄壁翼墙的顶宽一般为 40 cm，前坡比为 10 : 1，后坡比为 5 : 1。为了防止基底向河心滑动，基础应有一定的埋置深度。八字形桥台的前墙和翼墙之间，通常预留沉降缝分砌。

4. 支撑梁轻型桥台

台身为直立的薄壁墙，在两桥台下部设置钢筋混凝土支撑梁，上部结构与桥台通过锚栓连接，构成四铰框架结构系统，并借助两端台后的土压力来保持稳定。

(二) 桥墩

桥墩是指多跨 (两跨以上) 桥梁中间的支撑结构物，它除承受上部结构荷载外，还承受流水压力、风力以及可能出现的冰荷载、船只、排筏或漂流物的撞击力。按墩身截面形状可分为矩形、圆形、空心墩等；按桥墩结构可分为实体桥墩、柱式墩、空心桥墩、柔性排架墩和框架墩等；按上部结构受力特点可分为简支梁桥墩、连续梁桥墩、拱桥墩、斜拉和悬索桥索塔等。

1. 简支梁桥墩

（1）柱式桥墩：由基础之上的柱式墩身和盖梁组成。双车道常用的形式有单柱式、双柱式和混合双柱式等类型。双柱式桥墩由柱与钢筋混凝土盖梁组成，柱与承台或桩直接相连；当墩身高度大于 1.5 倍的桩距时，通常就在桩柱之间布置横系梁，以增加墩身的侧向刚度。

（2）空心桥墩：在一些高大的桥墩中，为减少圬工体积，节约材料，减轻自重，减少软弱地基的负荷，将墩身内部做成空腔体，即空心桥墩。这种桥墩在外形上与实体式桥墩并无大的差别，只是自重较实体式桥墩轻。

（3）框架墩：由框架代替墩身支撑上部结构，必要时可做成双面层或更多层的框架来支撑上部结构，这类较空心墩更进一步的轻型结构，一般用钢筋混凝土和预应力混凝土建成。还可以根据建筑艺术要求，建成纵、横向 V 形、Y 形、X 形、倒梯形等墩身。这些桥墩的构造比较复杂，施工比较麻烦。

2. 连续梁桥墩

（1）实体薄壁式桥墩：由墩帽、墩身构成的一个实体结构。墩帽是桥墩顶端的传力部分，相邻两孔桥上的恒载和活载通过支座传到墩身上，因此对墩帽的强度要求较高，一般要求用 C20 以上的混凝土做成。

（2）柔性排架墩：由单排或双排钢筋混凝土桩、承台、薄壁柔性墩与钢筋混凝土盖梁连接而成。其主要特点是可以通过构造措施，将上部结构传来的水平力(制动力、温度影响力等)传递到全桥的各个柔性墩上，以减少单个柔性墩所受到的水平力，从而达到减小桩、墩截面的目的。

3. 拱桥墩

按抵御恒载水平力的能力分为普通墩和单向推力墩两种。普通墩除承受相邻两跨结构传来的垂直反力外，一般不承受恒载水平推力。单向推力墩又称为制动墩。它的主要作用在于能承受单侧拱的恒载水平推力。

4. 索塔

索塔是斜拉桥、悬索桥的重要组成部分。索塔必须适合拉索的布置，在恒载作用下，索塔应尽可能处于轴心受压状态。索塔主要由塔、桥墩和主缆锚碇组成。

(1)斜拉桥索塔：分为单索面斜拉桥和双索面斜拉桥索塔，其塔架沿桥纵向布置形式有单柱式、A 字形、倒 Y 形等几种。单柱式主塔构造简单；A 字形和倒 Y 形桥纵向刚度大，有利于承受索塔两侧斜拉索的不平衡拉力；A 字形还可减小主梁在索塔处的负弯矩。

(2)悬索桥索塔：索塔主要是对主缆起支撑作用，分担主缆所受的竖向荷载，同时在风和地震荷载的作用下，对全桥结构的总体稳定提供安全保证。索塔是支撑主缆的重要构件，悬索桥上的车辆活载和恒载(包括桥面、加劲梁、吊索、主缆及其附件)都将通过主缆传给索塔至基础。索塔由塔座、塔身、横梁组成。具体为：①塔身。按力学性质可分为刚性塔、瑶柱塔、柔性塔三种结构形式。刚性塔常用于较小跨度的悬索桥和多跨悬索桥中，可提高结构刚度；瑶柱塔常用于跨度较小的悬索桥中，下端为铰接式单柱结构；柔性塔常用于大跨度悬索桥中，下端为固结的单柱形式。在桥横断面方向，通常采用刚构式、桁架式或两者混合的结构形式，用以抵抗横桥向的风力或地震作用。②索鞍。塔顶索鞍：支撑主缆的重要构件，主缆中的拉力通过索鞍传到锚碇，并将主缆所受竖向力传向主塔。塔顶鞍座的结构主要由鞍槽、座体和底板三大部分组成。③散索鞍。置于锚碇前，起转向及分散束股便于主缆锚固的作用。与塔顶鞍座不同的是，散索鞍在主缆受力或温度变化时要随主缆同步移动，因而其结构形式又有瑶柱式和滑移式两种基本类型。也可分为全铸和铸焊组合两种制造方式。散索箍常用于主缆直径较小又不需转向支撑时代替散索鞍分束锚固用，整体为喇叭形，为两半拼合的铸钢结构。④锚碇。是用以锚固主缆，平衡主缆所受的拉力，将其传达至地基的结构物。锚碇可分为重力式和隧道式两种结构形式。重力式锚碇：依靠锚体庞大的混凝土结构的重力作用来平衡主缆的拉力。隧道式锚碇：借助两岸天然坚固的岩体开凿隧洞，安装锚固系统后，再浇筑混凝土。该方法是依靠岩洞中的混凝土锚体与岩洞壁的嵌固作用来平衡主缆的拉力。隧道式锚碇混凝土用量较重力式锚碇节省，经济性更为明显。锚固结构是主缆索股向混凝土锚体传力的连接及过渡部分。它包括置于混凝土锚体内的锚固系统和与主缆索股相连的联结系统。锚固系统有钢构架和预应力钢绞线两种基本形式，钢绞线锚固系统由索股锚固连接器和预应力钢束锚固系统构造组成。

(三) 桥梁基础

桥梁基础分为浅埋基础 (埋置深度 ≤ 5 m) 和深埋基础。浅基础通常设计成刚性扩大基础，它主要依靠基础底面将荷载传递到地基。深基础的形式有桩基础和沉井基础，深基础除了依靠底部面将压力传递给地基，还依靠基础周围与土层间的摩阻力，将部分荷载提前传至地基，一般深基础的承载能力要比浅基础大。

二、桥梁支座

桥梁支座是桥梁上部结构向下部结构传力的支点构造。支座的类型很多，可根据桥梁跨径、支点反力和对支座建筑高度等要求选用。

(一) 垫层支座

垫层支座是由油毡、石棉泥或水泥砂浆垫层做成的简单支座，10 m 以下的跨径简支板、梁桥，可不设专门的支座，而将板或梁直接放在上述垫层上。垫层支座变形性能较差，固定端支座除设垫层外，还应用锚栓将上下部结构相连。

(二) 铸钢支座

1. 弧形钢板支座

弧形钢板支座又称为切线式支座或线支座。上支座为平板，下支座为弧形钢板，两者彼此相切而成线接触的支座。钢板采用 40~50 mm 的铸钢板或热扎钢板，缺点是移动时要克服较大的摩阻力，用钢量大，加工麻烦，一般用于中小桥梁中。

2. 铸钢支座

铸钢支座是采用碳素钢或优质钢，经过制模、翻砂、铸造、机械加工和热处理等工艺制成的支座。缺点是尺寸大、耗钢量大，容易锈蚀，养护费用高等。

(三) 新型钢支座

新型钢支座按材料分为不锈钢支座和合金钢支座，按结构形式分为滑板钢支座和球面支座。球面支座又称为点支座，为适应桥梁多方面转动的要求，将支座上、下两部分的接触面分别做成曲率半径相同的凸、凹球面。

(四) 钢筋混凝土支座

1. 摆柱式支座

由钢筋混凝土摆柱构成的活动支座。外形和活动机理与割边的单辊轴钢支座相同，但在构造上则用矩形截面的钢筋混凝土短柱来代替辊轴的中间部分，辊轴的顶部和底部为弧形钢板，常用于跨径大于 20 m 的钢筋混凝土或预应力混凝土梁桥。

2. 混凝土铰

通过缩小混凝土截面来降低截面刚度，因此能产生少量转动而能承受足够轴力的一种简化支座。

（五）板式橡胶支座

由几层橡胶片和嵌在其间的各类加劲物构成或仅由一块橡胶板构成的支座。外形有长方形、梯形、圆形等。

（六）盆式支座

盆式支座又称为盆式橡胶支座，是橡胶块紧密地放置在钢盆里的大吨位橡胶支座。由于橡胶块受到三向压力作用，能增强支座的极限承载能力。

（七）拉力支座

拉力支座又称为负反力支座，可以同时承受正负反力，分为拉力铰和拉力连杆支座两类，前者又分为固定式和活动式。固定式铰支的上摇座锚于梁端，下摇座锚于墩顶或桥台，之间用钢销连接而成；活动式的下摇座锚于墩顶或台顶的防拔块间，并在座下加辊轴，使其既能受拉，又能沿纵向移动。

（八）减震支座

减震支座是附设有减震器而具有减震和抗震功能的支座。减震器分为油压减振器和橡胶减振器，减震器的机理主要是利用液体介质的黏滞性或橡胶的弹性所产生的阻尼力来减小地震力的影响。

三、桥梁上部结构

桥梁上部结构体系较多，如拱式桥、梁式桥（含简支梁、连续梁、悬臂梁)、刚构桥、斜拉桥、悬索桥和组合体系等。桥型设计应根据实际地形、地质与水文、跨越对象、荷载大小、公路等级等条件，进行技术经济比较后确定。

(一) 拱式桥

拱式桥的主要承重结构是拱圈或拱肋。拱圈在竖向荷载作用下，以压力的方式沿拱轴线传递，给桥墩或桥台施以水平推力，水平推力能抵消荷载所引起在拱圈（或拱肋）内的弯拉应力。由圬工材料建造的拱桥称为圬工拱桥，具有就地取材、节省钢材和水泥、构造简单、有利于普及、承载潜力大、养护费用少等优点，在我国修建得比较多。

1. 拱上建筑形式

拱上建筑是指桥面系与拱圈之间的传力构件或填充物。拱上建筑形式有实腹式、空腹式和组合式三种。

（1）实腹式拱桥：是指拱上建筑做成由侧墙、拱腹填料、护拱、变形缝、防水层、泄水管和桥面系等几部分组成的实体结构。其优点是刚度比较大，构造简单，施工方便；缺点是随着桥梁跨径的增大，拱桥的自重迅速加大，无法建成较大跨径的拱桥。实腹式一般用在跨径较小的拱桥中，常用跨径为 5~20 m。

（2）空腹式拱桥：拱上建筑做成拱式腹孔和梁式腹孔的空腹式，腹孔墩又可做成横墙式和立柱式。拱式腹孔拱上建筑一般为圬工结构，而梁式腹孔拱上建筑一般为钢筋混凝土结构。空腹式拱桥的优点是轻巧，节省材料，外形美观，还有助于泄洪；缺点是施工比较麻烦，受力较复杂。空腹式一般用在大跨径的桥梁中。

（3）组合式拱桥：在拱式桥跨结构中，行车系的行车道结构与主拱组合，共同受力，称为组合体系的拱桥。由拱和梁、拱和拱组成主要承重结构的上承式拱桥，通常是用钢筋混凝土或钢结构建造而成，兼有实腹式拱桥和空腹式拱桥的优点，跨越能力较大，一般用在大、中跨度的桥梁中。

2. 拱轴线形

分为圆弧、抛物线和悬链线三类。

（1）圆弧拱桥：拱圈轴线按圆弧线设置。其优点是构造简单，备料、放样、施工简便；缺点是受荷时拱内压力线偏离拱轴线较大，受力不均匀。一般适用于跨度小于 20 m 的石拱桥。

（2）抛物线拱桥：拱圈轴线按抛物线设置。其优点是弯矩小，材料省，跨越能力大；缺点是构造复杂，如果是采用料石则规格较多，施工不方便。

（3）悬链线拱桥：拱圈轴线是按悬链线设置。其优点是受力均匀，弯矩不大，节省材料。多适用于实腹拱桥，大跨度的空腹拱桥中也常常采用这种拱轴线形布置。

3. 主拱静力图式

按主拱圈与行车系结构之间相互作用的性质和影响程度，拱桥结构体系可分为简单体系和组合体系。简单体系拱桥的行车道不参与主拱一起受力，以裸拱形式作为主要承重结构。其主拱圈受力可分为三铰拱、两铰拱、无铰拱三种形式。

4.拱桥截面

主拱圈的横断面形式通常有板拱桥、肋拱桥、双曲拱桥、箱形拱桥等。

（1）板拱桥：断面为实体矩形。板拱桥是最古老的拱桥形式，由于其构造简单，施工方便，至今仍被采用。通常只在地基条件较好的中、小跨径圬工拱桥中采用板拱形式。

（2）肋拱桥：由几条拱肋与肋间横系梁相连组成。肋拱桥材料用量一般比板拱桥少，大大地减轻了拱桥的自重，加大了拱桥的跨越能力，但构造比板拱桥复杂。拱肋可以采用混凝土、钢筋混凝土或钢材等建造。

（3）双曲拱桥：主拱圈的横截面由数个横向小拱（波）组成，桥纵向及横向均呈曲线形，故称为双曲拱桥。主拱圈通常由拱肋、拱波、拱板和横向联系等几部分组成。双曲拱桥较节省材料，结构自重小，特别是它的预制部件分得细，吊装质量轻。

（4）箱形拱桥：将实体板拱截面设计成空心箱形截面，称为箱形拱或空心板拱。由于其截面挖空，使箱形拱的截面抵抗矩较相同截面积板拱的截面抵抗矩大得多，从而大大减小了弯矩引起的应力，节省了建筑材料。该形式截面抗扭刚度大，横向整体性和结构稳定性均较双曲拱好。但箱形截面制作和施工较复杂，一般情况下，跨径在50 m以上的拱桥采用箱形截面才合适，目前它已成为国内外大跨径钢筋混凝土拱桥主拱圈截面的基本形式。

(二) 梁式桥

梁式桥在桥墩和桥台处均无水平推力。梁式桥有简支梁桥、连续梁桥、悬臂梁桥、T形钢构桥及连续钢构桥梁。梁式桥结构简单，跨越能力有限。目前应用最广的钢筋混凝土简支梁跨度为 8 ~ 20 m，预应力混凝土简支梁跨度为 20 ~ 50 m。

1. 实心板梁桥

实心板截面形状简单、施工方便、建筑高度小、结构整体刚度大，是小跨径梁桥普遍采用的形式。一般采用钢筋混凝土结构，跨径小于 8 m，梁高一般为 0.16 ~ 0.36 m 左右。

2. 空心板梁桥

空心板截面形状较实心板复杂，整体刚度大，建筑高度小，但是顶板内需要配制钢筋，同实心板一样是小跨径梁桥普遍采用的形式。钢筋混凝土结构跨径一般在 6 ~ 13 m，梁高一般在 0.4 ~ 1.0 m 左右；预应力混凝土结构跨径一般在 8 ~ 20 m，梁高一般在 0.4 ~ 0.85 m 左右。

3. T形梁桥

T形梁桥是我国目前采用最多的截面形式。其受力明确，制造简单，肋内配筋可以做成刚劲的钢筋骨架，间距 4 ~ 6 m 的横隔梁使结构整体性很好，接头也方便，但截面形状不稳定，运输安装较为复杂。钢筋混凝土 T 形梁常用跨径为 10 ~ 20 m，预应力混凝土则为 20 ~ 50 m。

4. 箱形梁桥

桥横截面呈一个或几个封闭箱形梁组成的桥称为箱形梁桥。

这种结构能提供足够的承受正、负弯矩的混凝土受压区，在一定的截面积下能获得较大的抗弯惯矩和抗扭刚度。因此，箱梁适用于较大跨径的悬臂梁桥和连续梁桥，也可用来修建预应力混凝土简支梁桥（装配式箱梁）。

(三) 刚构桥

刚构桥是梁与墩柱整体刚性连接的结构形式。一般情况下，其跨中建筑高度可以做得很小。在竖向移动荷载作用下，梁部主要受弯，柱脚处有水平推力，受力状态介于梁式桥和拱桥之间。常见的有 T 形刚构桥、连续刚构桥、斜腿刚构桥三种类型。

T 形刚构桥便于施加预应力，在两个伸臂端上挂梁后可做成很大跨度的刚构架，常被应用于需跨越深水、深谷、大河急流的大跨径桥梁中。连续刚构桥有较好的抗震性能，其刚构造型轻巧美观，当建造跨越陡峭河岸和深邃峡谷的桥梁时，采用这类刚构桥形式往往既经济又合理。斜腿和门式刚构桥主梁在纵桥方向可做成等截面、等高变截面、变高度截面三种形式。刚构桥采用悬臂施工方法，施工机具简便，施工进度较快。刚构桥主梁截面形状与梁式桥基本相同，可以做成板式、肋形、箱形等各种形式。

(四) 斜拉桥

斜拉桥是利用锚固在桥塔上的多根斜缆索作为梁跨的弹性中间支撑的桥梁，属于组合体系桥梁。它的上部结构由主梁、拉索和索塔（及基础）三部分组成。

（五）悬索桥

悬索桥是以通过索塔悬挂并锚固于两岸（或桥两端）的缆索（或钢链）作为上部结构主要承重构件的桥梁，由索塔、鞍座、锚碇、主缆、吊索（杆）、加劲梁等部分组成。其上部结构主要包括主缆、吊杆、加劲梁。

悬索桥的优点：相对于其他桥梁结构，悬索桥可以跨越比较长的距离，可以造得比较高，在比较深或比较急的水流上建造。缺点：悬索桥的坚固性不强，在大风情况下交通必须暂时被中断，塔架对地面施加非常大的力，对地基要求高。

第三节　隧道施工技术指导与主体结构

一、隧道分类

公路隧道按穿越障碍物性质，可分为山岭隧道和水底隧道；按地质条件可分为岩石隧道和一般软土隧道。穿越山岭的公路隧道，又可按其埋置深度、选线位置、结构类型、长短来分类。

（1）按埋置深度分类。按埋置深度（以2倍洞跨的覆盖层厚度为界限）可分为浅埋隧道、深埋隧道和明洞隧道。

（2）按选线位置分类。按选线位置可分为越岭隧道和傍山隧道。为了穿越山岭而修建的隧道，称为越岭隧道；利用傍山（沿河）地形而修建的隧道，称为傍山隧道。

（3）按结构类型分类。按结构类型可分为分离式、连拱、单洞三种形式。高速公路、一级公路的上、下行分离为独立双洞的隧道称为分离式隧道；一般在桥隧相连、隧道与隧道相连及地形条件限制等特殊地段上采用中墙分隔的双洞隧道称为连拱隧道；二级以下公路隧道多采用单洞两车道断面。

（4）按长度分类。隧道长度是指进口、出口洞门端墙墙面之间的距离，即两端墙墙面与路面交线同路线中线交点间的距离。隧道长度不同，对施工和运营管理要求不同，其工程计价亦不同。

二、隧道技术指标

（一）隧道设计基本要求

隧道设计与施工应根据公路等级，结合所处地形、地质、施工、运营等条件，遵循安全、经济、环保的原则和隧道各项技术指标要求进行。

隧道内的纵坡一般应小于3%，并大于0.3%，但短于100 m的隧道不受此限。隧道内的纵坡形式，一般宜采用单向坡，地下水发育的长隧道可采用人字坡。

不设检修道或人行道的隧道，可不设紧急停车带，但应按500m的间距交错设置行人避车洞。人行横洞的设置间距可取250 m，并不大于500 m；车行横洞的设置间距可取750 m，并不大于1000 m，长度为1000～1500 m的隧道宜设1处，中、短隧道可不设。

(二) 隧道建筑限界

公路隧道的横断面即衬砌内轮廓线所包围的空间，称为内轮廓限界，包括隧道建筑限界以及照明、通风等所需的空间断面。各级公路隧道的建筑限界不得有任何构件侵入。

1. 净空高度

建筑限界净空高度是指隧道路面至顶建筑限界的距离，高速、一级、二级公路的净空高度应为 5.0 m，三级、四级公路的净空高度应为 4.5 m。当检修道、人行道与行车道分开设置时，其净高应为 2.5 m。

2. 净宽

建筑限界净宽由行车道、侧向宽度和检修道或人行道组成。高速、一级公路隧道应在隧道两侧设置检修道，其宽度应大于或等于 0.75 m；二级、三级公路隧道宜在两侧设置人行道 (兼检修道)，其宽度应大于或等于 0.75 m；四级公路可不设人行道，但应保留 0.25 m 的 G 值 (余宽)。

当特长、长隧道在行车方向的右侧侧向宽度小于 2.5 m 时，应设置紧急停车带。紧急停车带建筑限界和尺寸，其间距不宜大于 7.5 m。对于双向行车隧道，其紧急停车带应双侧交错设置。单车道四级公路隧道应按双车道四级公路标准建设，右侧侧向宽度小于 2.5 m。

3. 隧道内轮廓尺寸

根据各公路等级设计速度的相应建筑限界，可分别计算出两车道内轮廓断面几何尺寸。

三、隧道主体结构

隧道主体由主洞、横洞、人行道或检修道（及电缆沟）和路面工程等几个部分组成。

（一）主洞

主洞工程包括洞口、明洞、洞身开挖、洞身衬砌和防排水工程。

1. 洞口

洞口即隧道出入口，包括洞门、边坡防护、仰坡支挡构造物、排水设施和引道等部分。隧道洞口位置受地形、地质水文条件影响，布置形式有坡面正交、坡面斜交、坡面平行三种形式。坡面正交型指隧道轴线与坡面正交，这是一种理想形式。坡面斜交型指隧道轴线与坡面斜交进入，边坡切面与洞门为非对称，往往存在偏压。坡面平行型是一种极端的斜交情况，隧道会承受偏压，应尽量避免这种形式。

（1）洞门：①端墙式洞门：适用于岩质稳定的Ⅳ级以下围岩和地形开阔的地区，是最常使用的洞门形式。②翼墙式洞门：由端墙及翼墙组成。翼墙式洞门适用于地质较差的Ⅲ级以上围岩以及需要开挖路堑的情形。翼墙是为了增加端墙的稳定性而设置的，同时对路堑边坡起支挡作用。端墙顶面上一般均设置水沟，将端墙背面排水沟汇集的地表水排至路堑边沟内。③环框式洞门：环框与洞口衬砌用混凝土整体浇筑，宜用于洞口岩层坚硬、整体性好，节理不发育，且不易风化，路堑开挖后仰坡极为稳定，并且没有较大的排水要求情况。④遮光棚式洞门：在形状上分为棚洞式和喇叭式。⑤削竹式洞门：形如削竹，适用于洞口段地形平缓情况。

（2）边坡及仰坡防护：洞门墙应根据实际需要设置伸缩缝、沉降缝和泄水孔。洞口边坡及仰坡必须保证稳定，其边坡、仰坡坡率及开挖最大高度限制。

（3）洞口排水：应根据地形、地质、气象及建设工程的实际情况，结合农田水利建设的需要，因地制宜地设置疏水设施。洞口和明洞顶需要设置截水沟、排水沟，洞口边坡、仰坡应采取防护措施，如铺砌、抹面等，以防止地表水的下渗和冲刷。要注意防止洞外雨水流入洞内，当洞口外路堑为上坡时，应在洞口外设置反排水沟或截流涵洞。

2. 明洞

明洞是采用明挖方法施工并回填而成的隧道，结构形式有拱形明洞和箱形明洞。当洞口地形地质不良、覆盖层浅时，常在洞口前设置一段明洞。隧道按照明洞段、洞口段、洞身段划分。当隧道位置处于下列情况时，宜设置明洞：①洞顶覆盖层薄，不宜大幅度开挖修建路堑而又难以采用暗挖法修建隧道的地段。②可能受到塌方、落石或泥石流威胁的洞口或路堑。③铁路、公路、水渠和其他人工构造物必须在拟建公路的上方通过，而又不宜采用立交桥跨越。

3. 洞身

（1）洞身断面：主要指隧道主体的纵、横向设计断面。

（2）仰拱：是隧道侧墙基础之间设置的曲线形支撑结构。隧道围岩较差地段应设置仰拱，当隧道墙部以下为整体性较好的坚硬岩石时，可不设仰拱。不设仰拱地段的衬砌墙部基底应置于稳固的地基上，在洞门墙厚度范围内，墙部基础应加深至洞门墙基础底相同的高程。仰拱混凝土与隧道拱部、墙部结构要求一致。设置仰拱的隧道，仰拱面以上至路面基础底面之间应采用浆砌片石或片石混凝土回填密实。不设置仰拱的隧道应采用混凝土做整平层，其厚度为 10~15 cm。

(3) 洞身衬砌：隧道洞口段应根据地形、地质和环境条件确定加强衬砌。一般情况下，2 车道隧道加强段应不小于 10 m，3 车道隧道加强段应不小于 15 m。对于围岩较差的地段，从围岩较差向较好的地段延伸 5~10 m；偏压衬砌段向一般衬砌段延伸，延伸长度根据偏压情况确定，加强段一般不小于 10 m。对于净宽大于 3 m 的横洞（横通道）与主洞的交叉段，加强段衬砌向交叉洞延伸，主洞延伸长度不小于 5 m，横洞（横通道）延伸长度不小于 3 m。

4. 防排水工程

防水与排水设施是隧道工程的重要组成部分。隧道防水和排水应按照"排、防、截、堵"相结合的原则进行综合设计，使洞内、洞口与洞外构成完整的防水、排水系统。隧道排水分洞口排水、路基排水、路面排水三类。引排路基水与路面水，按地下净水与路面污水分别排出的原则进行，对于路基排水量小的隧道只设置路基中央排水沟，对于路基排水量大的隧道除设置路基中央排水沟外，还应设置两路侧路基边缘排水沟。路基中央排水沟还具有排除路面底层地下渗水的功能。

（1）路基排水：隧道路基排水又称为衬砌防排水，主要排除围岩范围水。采取敷设聚氯乙烯塑料板、合成树脂防水卷材及防水混凝土等措施，将堵渗漏的水引入环向排水管，然后流至墙踵纵向水管，再通过横向排水管流入路基边缘排水沟或路基中央排水沟。

初期支护的裂隙水和渗涌水，一般采用 Ω 形弹簧排水管接引排出。也可采用向围岩体内压注水泥浆或化学浆液，堵塞裂隙水和渗涌水孔。隧道衬砌中的施工缝、变形缝等部位的防渗漏措施，一般采取专用的止水条（带）嵌塞等办法处理。

（2）路面排水：是在路面边缘设置圆形、矩形开口排水沟，或设置矩形盖板排水沟，集中将路面水引排至洞口排水设施。

（二）人行道或检修道

在隧道路面的两侧设置人行道或检修道，高度按 20～80 cm取值。电缆沟设置在人行道或检修道下方，沟的净宽 × 净高一般取 60 cm×40 cm，沟盖板面内侧和沟内外侧设置 5 cm×5 cm排水槽，以保证人行道或检修道、电缆沟内不积水。在电缆沟一侧放置强电设备，另一侧放置弱电设备、消防管道。

（三）隧道路面工程

隧道路面一般采用普通混凝土、连续配筋混凝土、钢钎维混凝土结构。当洞内干燥无水、施工方便时，可采用沥青混合料上面层与水泥混凝土下面层组成的复合式路面。对于无仰拱隧道路面分别有整平层、基层，基层一般采用混凝土结构，其厚度为 12~20 cm。有仰拱隧道路面可直接在仰拱回填层上铺装面层。

公路隧道洞内行车道路面层宜采用水泥混凝土路面，它能提高照明亮度，并具有耐久使用等优点。二级、三级、四级公路隧道路面一般采用设接缝的普通水泥混凝土面层，高速、一级公路隧道路面一般采用连续配筋混凝土面层或钢纤维混凝土面层。

第四节　隧道工程施工的计量规则

一、隧道工程施工

隧道工程施工前应对设计图纸进行核对和补充调查，确定施工方案和编制实施性施工组织设计，在施工中遵守《公路工程标准施工招标文件技术规范第 500 章隧道》《公路隧道施工技术规范》《公路工程施工安全技术规程》的有关规定。

（一）隧道工程施工特点与方法

1. 隧道工程施工的特点

隧道工程施工具有隐蔽性、作业循环性、作业空间受限、作业综合性强、作业环境恶劣、作业风险性大和受气候影响小等特性。在隧道工程施工中必须全面考虑这些特性。

2. 隧道工程施工方法

（1）矿山法：是一种传统的施工方法。它的基本原理是：隧道开挖后受爆破影响，造成岩体破裂形成松弛状态，随时都有可能坍落。基于这种松弛荷载理论依据，其施工方法是按分部顺序采取分割式一块一块地开挖，并要求边挖边撑以求安全，支撑复杂，木料耗用多。随着喷锚支护的出现，使分部数目得以减少，并进而发展成新奥法。

（2）掘进机法：包括隧道掘进机法和盾构掘进机法。前者主要应用于岩石地层，后者则主要应用于土质围岩，尤其适用于软土、流沙、淤泥等特殊地层。

（3）沉管法、明挖法：用来修建水底隧道、地下铁道、城市市政隧道以及埋深很浅的山岭隧道等。在隧道工程施工中最重要的是选择合理的施工方法。选择施工方法时应考虑施工条件、围岩条件、隧道断面积、埋深、工期和环境条件等基本因素。

（二）新奥法施工

由奥地利学者 L. 腊布兹维奇教授命名的"新奥地利隧道施工法（New Austria Tunnelling Method）"，简称"新奥法（NATM）"。它是以控制爆破或机械开挖为主要掘进手段，施工中考虑围岩自身承载能力，并以锚杆、喷射混凝土为主要支护方法，是一种新型的施工方法。

1. 新奥法施工基本原则

可以归纳为"少扰动、早支护、勤量测、紧封闭"。

（1）少扰动：在进行隧道开挖时，尽量减少对围岩的扰动次数、扰动强度、扰动范围和扰动持续时间。因此，要求能用机械开挖的就不用钻爆法开挖。当采用钻爆法开挖时，要严格地进行控制爆破，尽量采用大断面开挖。根据围岩级别、开挖方法、支护条件选择合理的循环掘进进尺；对于自稳性差的围岩，循环掘进进尺应短一些，支护要尽量紧跟开挖面，缩短围岩应力松弛时间。

（2）早支护：开挖后及时施作初期喷锚支护，使围岩的变形进入受控状态。这样做一方面是为了使围岩不会因变形过度而产生坍塌失稳；另一方面是使围岩变形适度发展，以充分发挥围岩的自承能力。必要时可采取超前预支护措施。

（3）勤量测：用直观、可靠的量测方法和量测数据，准确评价围岩（或围岩加支护）的稳定状态，判断其动态发展趋势，以便及时调整支护形式、开挖方法，以确保施工安全、顺利地进行。量测是现代隧道及地下工程理论的重要标志之一，也是掌握围岩动态变化过程的手段和进行工程设计、施工的依据。

（4）紧封闭：采用喷射混凝土等防护措施，对围岩施作封闭形支护，及时阻止围岩变形，避免围岩因长时间裸露而致使其强度和稳定性衰减，使支护和围岩能共同进入良好的工作状态。

2. 开挖方法

按开挖隧道的横断面可分为全断面开挖法、台阶开挖法、分部开挖法。

（1）全断面开挖法：①全断面开挖法施工顺序：施工准备完成后，用钻孔台车钻眼，然后装药，连接起爆网路；退出钻孔台车，引爆炸药，开挖出整个隧道断面；进行通风、洒水、排烟、降尘；排除危石，安设拱部锚杆和喷拱部第一层混凝土；用装渣机将石渣装入矿车或运输机，运出洞外；安设边墙锚杆和喷混凝土，必要时可喷拱部第二层混凝土和隧道底部混凝土；开始下一轮循环；在初次支护变形稳定后，按施工组织中的规定日期灌注内层衬砌。根据围岩稳定程度及施工设计亦可不设锚杆或设短锚杆。也可先出渣，然后再施作初次支护，但一般仍先进行拱部初次支护，以防止局部应力集中而造成围岩松动剥落。②适用条件：全断面法适用于岩层覆盖条件简单、岩质较均匀的硬岩中，使用大型施工机械时，隧道长度或施工区段长度不宜太短（不应小于 1 km），否则采用大型机械化施工的经济性差。

（2）台阶开挖法：将设计断面分为上半断面和下半断面两次开挖成形。台阶法包括长台阶法、短台阶法和超短台阶法三种形式。开挖方式选择应根据以下两个条件确定：满足初次支护形成闭合断面的时间要求，围岩越差，闭合时间要求越短；满足上断面施工所用的开挖、支护、出渣等机械设备施工场地大小的要求。在软弱围岩中应以第一条件为主，兼顾第二条，确保施工安全。

长台阶法对于上半断面开挖，其作业顺序为：用钻孔台车或气腿式风钻钻眼、装药爆破，地层较软时亦可用挖掘机开挖；安设锚杆和钢筋网，必要时加设钢支撑、喷射混凝土；用挖掘机将石渣推运到台阶下，再由装载机装入车内运至洞外；根据支护结构形成闭合断面的时间要求，必要时在开挖上半断面后，可施作临时底拱，形成上半断面的临时闭合结构，然后在开挖下半断面时再将临时底拱挖掉。但从经济观点来看，最好改用短台阶法。

对于下半断面开挖，其作业顺序为：用钻孔台车或气腿式风钻钻眼、装药爆破；装渣直接运至洞外；安设边墙锚杆（必要时）和喷混凝土；用反铲挖掘机开挖水沟；喷底部混凝土。长台阶法有足够的工作空间和相当的施工速度，上部开挖支护后，下部作业就较为安全，但上下部作业有一定的干扰。相对于全断面法来说，长台阶法一次开挖的断面和高度都比较小，只需配备中型钻孔台车或气腿式风钻即可施工，对维持开挖面的稳定也十分有利。其适用范围较全断面法广泛，凡是在全断面法中开挖面不能自稳，但围岩坚硬不要用底拱封闭断面的情况，都可采用长台阶法。

短台阶法作业顺序：短台阶法的作业顺序和长台阶法相同。短台阶法可缩短支护结构闭合的时间，改善初次支护的受力条件，有利于控制隧道收敛速度和量值，所以适用范围很广，在 Ⅰ~Ⅴ 级围岩中都能采用，尤其运用于Ⅳ、Ⅴ级围岩，是新奥法施工中经常采用的方法。缺点是上台阶出渣时对下半断面施工的干扰较大，不能全部平行作业。为了解决这种干扰可采用长皮带机运输上台阶的石渣，或设置由上半断面过渡到下半断面的坡道，将上台阶的石渣直接装车运出。过渡坡道的位置可设在中间，也可交替设在两侧。过渡坡道法通用于断面较大的双线隧道中。

超短台阶法：台阶仅超前 3~5 m，只能采用交替作业。超短台阶法初次支护全断面闭合时间更短，更有利于控制围岩变形。在城市隧道施工中，能更有效地控制地表沉陷。超短台阶法适用于膨胀性围岩和土质围岩，要求及早闭合断面的场合，也适用于机械化程度不高的各类围岩地段。缺点是上下断面相距较近，机械设备集中，作业时相互干扰较大、生产效率较低、施工速度较慢。在软弱围岩中施工时，应特别注意开挖工作面的稳定性，必要时可对开挖面进行预加固或预支护。

（3）分部开挖法：是将隧道断面分部开挖逐步成形，且一般将某部超前开挖，故也可称为导坑超前开挖法。分部开挖法可分为台阶分部开挖法、单侧壁导坑法、双侧壁导坑法三种方法。

台阶分部开挖法：该法又称为环形开挖留核心土法。开挖面分部形式为：一般将断面分成为环形拱部中的1、2、3、上部核心土4、下部台阶5三部分。施工作业顺序为：用人工或挖掘机开挖环形拱部；根据断面的大小，环形拱部又可分成几块交替开挖；安设拱部锚杆、钢筋网或钢支撑、喷混凝土；在拱部初次支护保护下，用挖掘机开挖核心土和下台阶，随时接长钢支撑和喷混凝土、封底；根据初次支护变形情况或施工安排建造内层衬砌。

由于拱形开挖高度较小，或地层松软锚杆不易成形，所以施工中不设或少设锚杆。环形开挖进尺为 0.5 ~ 1.5 m，不宜过长。在台阶分部开挖法中，因为上部留有核心土支挡着开挖面，而且能迅速、及时地建造拱部初次支护，所以开挖工作面稳定性好；与台阶法一样，核心土和下部开挖都是在拱部初次支护保护下进行的，施工安全性好；适用于一般土质或易坍塌的软弱围岩中。与超短台阶法相比，台阶长度可以加长，减少上下台阶施工干扰；而与下述的侧壁导坑法相比，施工机械化程度较高，施工速度可加快。

虽然核心土增强了开挖面的稳定性，但开挖中围岩要经受多次扰动，而且断面分块多，支护结构形成全断面封闭的时间长，这些都有可能使围岩变形增大。因此，它常要结合辅助施工措施对开挖工作面及其前方岩体进行预支护或预加固。

单侧壁导坑法：开挖面分部形式为：一般将断面分成：侧壁导坑 1、上台阶 2、下台阶 3 三块。侧壁导坑尺寸应充分利用台阶的支撑作用，并考虑机械设备和施工条件而定。一般侧壁导坑宽度不宜超过 0.5 倍洞宽，高度以到起拱线为宜，这样导坑可分两次开挖和支护，不需要架设工作平台，人工架立钢支撑也较方便。导坑与台阶的距离应以导坑施工和台阶施工不发生干扰为原则，所以在短隧道中可先挖通导坑，而后再开挖台阶。上、下台阶的距离则视应围岩情况参照短台阶法或超短台阶法拟定。

施工作业顺序为：开挖侧壁导坑，并进行初次支护（锚杆加钢筋网，或锚杆加钢支撑，或钢支撑和喷射混凝土等），应尽快使导坑的初次支护闭合；开挖上台阶，进行拱部初次支护，使其一侧支撑在导坑的初次支护上，另一侧支撑在下台阶上；开挖下台阶，进行另一侧边墙初次支护，并尽快建造底部初次支护，使全断面闭合；拆除导坑临空部分的初次支护；建造内层衬砌。单侧壁导坑法是将断面横向分成 3 块或 4 块，每步开挖的宽度较小，而且封闭型的导坑初次支护承载能力大，所以，单侧壁导坑法适用于断面跨度大，地表沉陷难以控制的软弱松散围岩中。

双侧壁导坑法：开挖面分部形式为：一般将断面分成：左、

右侧壁导坑1、上部核心土2、下台阶3四块。侧壁导坑尺寸应本着充分利用台阶的支撑作用，并考虑机械设备和施工条件而定，但宽度不宜超过断面最大跨度的1/3。导坑与台阶的距离没有硬性规定，但一般应以导坑施工和台阶施工不发生干扰为原则。左、右侧导坑错开的距离，应根据开挖一侧导坑所引起的围岩应力重分布的影响不波及另一侧已成导坑的原则确定。

施工作业顺序为：开挖一侧导坑，并及时地将初次支护闭合；相隔适当距离后开挖另一侧导坑，并建造初次支护；开挖上部核心土，建造拱部初次支护，拱脚支撑在两侧壁导坑的初次支护上；开挖下台阶，建造底部的初次支护，使初次支护全断面闭合。当隧道跨度很大、地表沉陷要求严格、围岩条件特别差、单侧壁导坑法难以控制围岩变形时，可采用双侧壁导坑法。现场实测表明，双侧壁导坑法所引起的地表沉陷仅为短台阶法的1/2。双侧壁导坑法虽然开挖断面分块多，扰动大，初次支护全断面闭合的时间长，但每个分块都是在开挖后立即各自闭合的，所以在施工中变形几乎不发展。

(三) 洞身开挖辅助施工措施

当隧道通过浅埋、严重偏压、岩溶流泥地段、软弱破碎地层、断层破碎带以及大面积淋水或涌水地段时，应采取必要的辅助施工措施。辅助施工措施有管棚、超前小导管、超前锚杆、地表砂浆锚杆、地表注浆加固、护拱、井点降水、深井排水等，可归纳为地层稳定措施和涌水处理措施两类。

1. 管棚

管棚导管环向间距一般为 30 ~ 50 cm，两组管棚间纵向应有不小于 3 m 的水平搭接长度。导管外径为 80 ~ 180 mm，长度为 10 ~ 45 m，分段长为 4 ~ 6 m。注浆孔孔径为 10 ~ 16 mm，呈梅花形布置，间距为 15 ~ 20 cm。

2. 超前小导管

超前小导管环向间距一般为 20 ~ 50 cm，两组小导管间纵向应有不小于 1.0m 的水平搭接长度。小导管直径为 42 ~ 50 mm，长度为 3 ~ 5 m。注浆孔孔径为 6 ~ 8 mm，呈梅花形布置，间距为 10 ~ 20 cm。

3. 超前钻孔注浆

把具有充填和凝胶性能的浆液材料，通过配套的注浆机具设备压入所需加固的地层中，经过凝胶硬化作用后充填和堵塞地层中缝隙，起到减小注浆区地层渗水系数、隧道开挖时的渗漏水量、固结软弱和松散岩体、提高围岩强度和自稳能力的作用。

注浆孔应根据注浆范围、注浆长度、浆液材料、扩散半径以及工程要求等条件布置。注浆孔孔径为 70 ~ 110 mm，注浆孔间距按 1.5 ~ 1.6 倍浆液扩散半径决定，一般为 2 ~ 3 m，浆液扩散半径为 1 ~ 2 m，注浆孔孔深一般为 15 ~ 30 m，注浆范围为开挖轮廓线以外 1 ~ 3 m。

4. 超前锚杆

适用于浅埋松散破碎的岩层，是沿隧道纵向在拱上部开挖轮廓线外一定范围内向前方倾斜一定外插角，或者沿隧道横向在拱脚附近向下方倾斜一定外插角的密排砂浆锚杆。前者称为拱部超前锚杆,后者称为边墙超前锚杆。拱部超前锚杆设置范围宜为隧道拱部外弧全长的 1/6 ~ 1/2。Ⅳ级围岩锚杆间距为 40 ~ 60 cm,Ⅴ级围岩锚杆间距为 30 ~ 50 cm。锚杆直径为 20 ~ 25 mm,锚孔直径不小于 40 mm,锚杆长度为 3 ~ 5 m,两排超前锚杆间纵向应有不小于 1.0 m 的水平搭接长度。

5. 地表砂浆锚杆

间距一般为 1.0 ~ 1.5 m,呈梅花形布置,锚杆直径为 16 ~ 22 mm,长度可根据隧道覆盖层厚度确定,一般取地面至隧道拱部外缘线之间的距离。锚孔直径应大于杆体直径 30 mm,孔内填充不低于 M20 的水泥砂浆。

6. 地表注浆加固

范围:沿隧道纵向超出不良地质地段 5 ~ 10 m。注浆孔竖向设置,注浆孔孔径不小于 110 mm,呈梅花形布置,深度根据实际情况确定。孔间距宜为单孔浆液扩散半径的 1.4 ~ 1.7 倍。

(四) 洞身衬砌

衬砌按功能可分为承载衬砌、构造衬砌和装饰衬砌;按使用材料可分为模注混凝土、石料及混凝土预制块衬砌等。应根据围岩地质条件、施工条件和使用要求选用衬砌形式。隧道衬砌结构设计的基本原则是最大限度地利用和发挥围岩的自承能力。隧道衬砌分为喷锚式衬砌、整体式衬砌、复合式衬砌三种形式,目前公路隧道一般都采用复合式衬砌。

1. 喷锚式衬砌

由喷射混凝土、锚杆、钢筋网组成。喷射混凝土厚度不小于 50 mm，不大于 300 mm，单层钢筋网喷射混凝土厚度不小于 80 mm，双层钢筋网喷射混凝土厚度不小于 150 mm。钢筋网网格应按矩形布置，钢筋间距宜为 150～300 mm。锚杆应按矩形或梅花形排列，锚杆间距不大于 1.5 m，间距较小时可采用长短锚杆交错布置，2 车道隧道系统锚杆长度一般不小于 2 m，3 车道隧道系统锚杆长度一般不小于 2.5 m。

2. 整体式衬砌

指一次性完成隧道衬砌。明洞衬砌在距洞口 5～12 m 的位置应设沉降缝；在洞内软硬地层明显分界处宜设沉降缝；在连续 V、VI 级围岩中每 30～80 m 应设一道沉降缝。沉降缝、伸缩缝缝宽应大于 20 mm，缝内可夹浸沥青木板或沥青麻絮。沉降缝、伸缩缝可兼作施工缝。

3. 复合式衬砌

将衬砌分为两次进行，即由内外两层复合而成。其外层（即与围岩面接触的部分）为初次柔性支护；内层为二次衬砌，采用现浇混凝土，又称为模注混凝土；在初期支护与二次衬砌之间设防水夹层。

（五）施工辅助设施

隧道施工是一个复杂的系统工程，除洞口和洞门是在露天施工外，其余各项工程都是在地下且要不间断地进行施工作业，故在整个施工过程中必须备有良好的照明和通风条件，还要进行洒水除尘。因此，需要照明发电设施、空气压缩机供应站，修建蓄水供水系统等临时工程设施。

1. 供电

隧道供电必须满足动力和照明的需要，并确保施工安全。供电线路应采用 400/230 V 三相四线系统两端供电；动力设备应采用三相 380 V。对于照明电压，成洞段和不作业地段可用 220 V，瓦斯地段不得超过 110 V，一般作业段不大于 36 V，手提作业灯为 12～24 V。施工作业地段每平方米应不小于 15 V，已开挖成洞至弃渣处的运输地段需设照明电灯，要求灯光充足均匀。若采用工业电力时，应修建由高压输电线路至工地变电站的电力线路。

2. 通风与防尘

隧道供风：一是为风动工具提供原动力；二是为洞内施工人员送入新鲜空气或吸出污浊空气，常称为通风。除短隧道可采用自然通风外，其余各类隧道一般都采用管道通风，根据实践经验资料，每人约需新鲜空气 3 m^3/min。空气压缩机站的生产能力，应能满足施工需要的风量，通风设备应有适当的备用数量，一般为计算能力的 50%，同时，应使开挖面的风压不小于 0.5 MPa。

在施工过程中，作业环境每立方米空气中含 10% 以上游离二氧化硅（SiO_2）粉尘不得超过 2 mg/m^3；含 10% 以下游离二氧化硅（SiO_2）粉尘不得超过 4 mg/m^3。钻眼作业必须采用湿式凿岩法；凿岩机在钻眼时，必须先送水后送风；在放炮后、出渣前应喷雾、洒水淋湿全部灰、渣；施工人员应佩戴防尘面罩。

3. 供水

隧道的供水主要用于凿岩机钻孔、喷雾防尘、冲洗围岩面和石渣、混凝土拌和及养护。供水的水压应满足用水点的要求，应尽量利用高山水源筑池蓄水，水池应有一定的储水量和高程，以保证一般水风钻不小于 0.3 MPa，喷射混凝土应不小于 0.5 MPa。严寒地区要注意保温。

二、隧道工程计量规则

(1) 包括洞口与明洞工程、洞身开挖、洞身衬砌、防水与排水、洞内防火涂料和装饰工程、监控量测、地质预报等计量计价规则。

(2) 有关问题的说明及提示。

①场地布置、核对图纸、补充调查、编制施工组织设计、试验检测、施工测量、环境保护、安全措施、施工防排水、围岩类别划分及监控、通信、照明、通风、消防等设备、设施预埋构件设置与保护，所有准备工作和施工中应采取的措施均为各节、各细目工程的附属工作，不另行计量。

②风、水、电作业及通风、照明、防尘为不可缺少的附属设施和作业，均应包括在各节有关工程细目中，不另行计量。

③隧道名牌、模板装拆、钢筋除锈、拱盔、支架、脚手架搭拆、养护清场等工作均为各细目的附属工作，不另行计量。

④连接钢板、螺栓、螺帽、拉杆、垫圈等作为钢支护的附属构件，不另行计量。

⑤混凝土拌和场站、储料场的建设、拆除、恢复均应包括

在相应工程项目中，不另行计量。

⑥洞身开挖包括主洞、竖井、斜井。

⑦材料的计量尺寸为设计净尺寸。

第四章　公路工程施工的安全管理

第一节　公路工程施工安全管理措施与内容

一、进行安全教育与安全培训

认真搞好安全教育与安全培训工作，是安全生产管理工作的重要前提。通过安全教育与安全培训，能增强人的安全生产意识，提高安全生产的知识水平，有效地防止人的不安全行为，减少人为失误。因此，安全教育、安全培训是进行人为行为控制的重要方法和手段。进行安全教育，要做到高度重视、内容合理、方式多样、形成制度、注重实效；进行安全培训，要做到严肃、严格、严密、严谨，绝不能马虎从事。

1. 安全教育的主要内容

（1）新工人三级安全教育，是指新入场的工人必须接受公司、工程处和施工队（班组）三级的安全教育。教育的内容包括：安全技术知识、设备性能、操作规程、安全制度和严禁事项等。新工人经过三级安全教育并且考试合格后，方可进入操作岗位。

（2）特殊工种的专门教育，是指对特殊工种的工人，进行专门的安全技术教育和训练。特殊工种不同于其他一般工种，它在生产过程中担负着特殊的任务，工作中危险性大，发生事故的机会多，一旦发生事故，对企业生产的影响较大，所以，在安全技术方面必须严格要求。特殊工种的工人必须按规定的内容和时间进行培训，然后经过严格的考试，取得合格证书后，才能准予独立操作，这是保证安全生产、防止伤亡事故的重要措施。

(3) 经常性安全生产教育，是指根据施工企业的具体情况和实际需要，采取多种形式进行经常性安全生产教育。如开展安全活动日、安全活动月、质量安全年等活动，召开安全例会、班前班后安全会、事故现场会、安全技术交底会等各种类型的会议，利用广播、黑板报、工程简报、安全技术讲座等多种形式进行宣传教育工作。

2. 安全教育的注意事项

(1) 安全教育要突出"全"字。安全生产是整个企业的事情，牵连到每一个职工的思想和行动。因此，安全生产的宣传教育工作应当是全员、全过程、全面进行的，宣传教育面必须达到100%，使企业各级领导都重视安全生产教育，职工人人都接受安全生产教育，真正做到安全生产知识家喻户晓、人人皆知。

(2) 安全生产教育要突出效果。通过安全生产教育，增强企业全体职工的安全生产意识，实现公路施工全过程的安全生产，这是安全生产教育的目的。

安全生产教育要想取得预期的效果，必须抓好以下三个步骤。第一步是全面传授安全生产知识，这是解决"知"的问题。选择的安全生产教育内容，一定要具有针对性、及时性和适用性。第二步是使职工掌握安全生产的操作技能，把掌握的知识运用到实际工作中去，这是解决"会"的问题。第三步是经常对职工进行安全生产的认识教育，即安全生产教育常抓不懈，形成制度，提高职工安全生产的自觉性，使每一个职工在日常施工中，处处、事事、时时都认真贯彻执行安全生产的有关规定。

（3）安全教育要抓落实、抓考核。抓落实、抓考核是安全生产教育能否取得良好效果的保证和基础。只有口头宣传和布置，而无具体的措施抓落实、抓考核，安全生产将成为一句空话。施工企业的各级领导要切实抓好这一关键性的环节，建立安全生产考核检查办法，组织强有力的安全生产监督检查机构，形成落实安全生产的系统网络，使安全生产教育真正起到应有的作用。

二、进行经常性的安全检查

经常性的安全检查，是发现、消除不安全行为和不安全状态的重要途径，是消除事故隐患、落实安全整改措施、防止事故伤害、改善劳动条件的重要方法。安全检查有普遍检查、专业检查和季节检查三种形式。

1. 安全检查的内容

安全检查的内容主要包括：查思想、查管理、查制度、查现场、查隐患、查落实、查事故处理及与安全有关的内容。

（1）公路施工项目的检查以自检形式为主，应对公路施工项目的生产过程、各个生产环节进行全面检查。检查的重点以劳动条件、生产设备、现场管理、安全卫生设施以及生产人员的行为为主。当发现有不安全因素和行为时，应立即采取得力措施，果断地加以制止和消除。

（2）各级生产的组织者，在全面进行安全检查的过程中，通过对作业环境状态和隐患的检查，再对照安全生产的方针和政策，看是否得到贯彻落实，有无违背国家有关安全生产规定的地方。

（3）对安全管理的检查主要注意以下几个方面。

①安全生产是否提到议事日程上，各级安全负责人是否坚持"五同时"(指在计划、布置、检查、总结、评比生产工作的同时，要计划、布置、检查、总结、评比安全工作)。

②业务职能部门与人员是否在各自业务范围内落实了安全生产责任制；专职安全人员是否坚持工作岗位，是否履行了自己的职责。

③安全生产教育是否落实，教育效果是否良好。

④工程技术和安全措施是否结合为一个统一体，是否实施了作业标准化。

⑤安全控制措施是否有力，控制是否到位，在生产过程中有哪些消除管理差距的措施。

⑥对事故的处理是否符合国家现行的有关规定，是否坚持了"三不放过"的原则。

2.安全检查的组织

（1）建立严格的安全检查制度，并根据安全检查制度中的要求，对制度中规定的规模、时间、原则、处理等方面的落实情况，进行全面、认真的检查。

（2）检查组织是否健全，是否成立了以项目经理为第一责任人，由业务部门、专职安全检查人员参加的安全检查组织。

（3）检查组织在实施安全管理工作中，是否做到了有计划、有目的、有准备、有整改、有总结、有处理。

3.安全检查的准备

安全检查工作是一项要求很高的细致性工作。在进行安全检查之前，必须做好充分的准备工作，其主要包括思想准备和业务准备两个方面。

（1）思想准备。发动施工企业全体职工开展安全自检，自我检查与制度检查相结合，形成自检自改、边检边改的良好习惯。使全体职工在发现危险因素的过程中得到提高，在消除危险因素的过程中受到教育，从安全检查中得到锻炼。

（2）业务准备。安全检查的业务准备主要包括：确定安全检查的目的、步骤、方法和内容，成立相应的安全检查组织，安排具体的检查日程；分析事故资料，确定检查的重点，把主要精力放在事故多发的部位和危险工种的检查上；规范检查记录用表，使安全检查逐步纳入科学化、规范化的轨道。

4.安全检查的方法

在施工工程中常用的安全检查方法有：一般检查方法和安全检查表法两种。

（1）一般检查方法。一般检查方法就是采用"看、听、嗅、问、查、测、析"等手段进行检查的方法。看，即看现场环境和作业条件、看实物和实际操作、看记录和资料等；听，即听汇报、听介绍、听反映、听意见、听批评、听机械设备的运转响声或承重物发出的微弱声等；嗅，即对挥发物、腐蚀物、有毒气体等用嗅觉进行辨别；问，即深入到生产第一线，对影响安全生产的问题进行调查研究，详细询问，寻根究底；查，即查明问题、查对数据、查清原因、追究责任；测，即对有关安全的因素进行测量、测试、监测；析，即分析安全事故的原因、隐患所在。

（2）安全检查表法。安全检查表法是一种原始的、初步定性分析的方法，即通过事先拟定的安全检查明细表或清单，对安全生产的状况进行初步的分析、判断和控制。安全检查表通常包括：检查项目（如安全生产制度、安全教育、安全技术、安全检查、安全业务工作、作业前检查、作业中检查、作业后检查等），检查内容（如安全教育可包括：新工人入场的三级教育是否坚持，特殊工种的安全教育是否坚持，对工人日常安全教育进行得怎样，各级领导干部是怎样进行安全教育的）、检查的方法或要求（如安全教育中的"三级教育"主要包括：是否有计划、有内容、有记录、有考核或有考试），存在的问题、改进措施、检查时间、检查人员等内容。

5. 安全检查的形式

采取何种安全检查，应当根据工程的实际和企业安全生产的情况而定。安全检查的形式，一般可分为定期安全检查、突击性安全检查和特殊安全检查三种。

（1）定期安全检查。定期安全检查是指列入安全管理活动计划，间隔一定时间的规律性安全检查，这是一种常规检查。定期检查的周期为：施工项目的自检一般控制在 10～15 天，班组的自检必须坚持每日检查制度，对季节性、专业性施工的安全检查，按规定要求确定检查日期。

（2）突击性安全检查。突击性安全检查是指无固定检查周期，对特别部门、特殊工种、特殊设备、小区域进行的安全检查。这种检查形式没有规定具体的时间、内容和次数，应根据工程实际和施工具体情况，由安全组织机构确定。

（3）特殊安全检查。对预料中可能会带来新的危险因素、新安装的设备、新采用的工艺、新建或改建的工程项目，在投入使用前，以发现危险因素为专题的安全检查，称为特殊安全检查。特殊安全检查包括：对有特殊安全要求的手持电动工具、电气设备、照明设备、通风设备、有害有毒物品、易燃易爆危险品储运设备的安全检查。

6. 消除危险因素的措施

安全检查的主要目的是发现、分析、处理、消除危险因素，避免不安全事故的发生，实现安全生产。消除危险因素的关键环节，在于认真地整改和检查，真正消除危险因素。对于一些由于种种原因一时不能消除的危险因素，更应当认真地进行分析，寻求科学的解决办法，安排整改计划，尽快予以消除。安全检查后的整改，必须坚持"三定"和"不推不拖"的工作方法，不能使危险因素长期存在而危及人和工程的安全。所谓"三定"，是指对安全检查后发现的危险因素的积极消除态度，即定具体整改的责任人，定解决与改正的具体措施，定消除危险因素的整改时间。所谓"不推不拖"，是指在解决具体的危险因素时，应当采取积极的态度，凡是能够自己解决的，绝不推诿，不等不靠，坚决组织整改。也就是说，不能把整改的责任推给上级，也不能把消除危险因素的任务交给第一线工人，更不能借故拖延整改的时间。树立"危险因素就是险情"的安全意识，以最快的速度把危险因素消除。

三、实行作业标准化

在公路工程的施工过程中，具体操作者产生的不安全行为主要有：由于不知道正确的操作方法而发生操作错误，或为了单纯地追求施工速度而省略了必要的操作步骤，或坚持自己的操作习惯等原因。用科学的作业标准化来规范人的行为，是克服和消除不安全因素的重要措施，既有利于控制人的不安全行为，又有利于提高公路工程的质量。由此可见，实行作业标准化，是公路工程安全管理的重要组成部分。在实行作业标准化时，应当注意以下几个方面。

1. 制定作业标准

制定作业标准是实施作业标准化的首要条件。除按照国家和有关部委颁布的操作规程生产外，施工企业也要根据本企业的实际和工程项目的特点，制定切实可行的作业标准。

（1）采取技术人员、管理人员、生产操作者三者结合的方式，根据操作的具体条件制定作业标准，并坚持反复实践、反复修订、群众认可的原则。

（2）制定的作业标准都要明确规定操作程序、具体步骤、怎样操作、操作的质量标准、操作阶段的目的、完成操作后的状态等内容。

（3）制定的作业标准，要尽量使操作简单化、专业化，尽量减少使用工具、夹具的次数，以降低对操作者施工工序的要求，使作业标准尽量减轻操作者的精神负担，以便集中精力按作业标准进行生产。

（4）作业标准必须符合生产和作业环境的实际情况，不能把作业标准通用化，不同作业条件下的作业标准应有所区别。

2. 作业标准必须实用

制定的作业标准必须考虑人体运动的特点和规律，在作业场地布置、使用工具设备、操作幅度等方面，均应符合人体学的要求。

（1）操作者在生产过程中，尤其是在高空作业时，要避免不自然的操作姿势和重心的经常移动，动作要有连贯性，自然节奏强。如：不宜出现运动方向的急剧变化，动作不受到过大的限制，尽量减少用手和用眼的操作次数，肢体的动作尽量小。

（2）施工场地的布置，必须考虑公路、照明、水电、通风的合理分配，机械设备、料物、工具的位置等要方便作业。在这方面必须考虑以下几点。

①人力移动物体时，尽量限于水平方向的移动，避免垂直方向的移动。

②机械操作部分，应安排在正常操作范围之内，防止增加操作者精神和体力的负担。

③操作工作台、座椅的高度，应与操作要求、人的身体条件相匹配。

④尽量利用起重机械移动物体，改善操作者的劳动条件。

（3）反复训练，达到熟练操作。反复训练使操作者能熟生巧，是避免工伤事故的重要措施。在训练中要讲求方法和程序，应以讲解示范为主，符合重点突出、交代透彻的要求。在训练中要边训练、边作业、边纠偏，使操作者经过训练能达到有关要求。对于经过多次纠正偏向，仍达不到操作要求，或还不能独立操作的，不得在公路工程施工中正式上岗，必须继续进行训练，直到完全合格为止。

四、生产技术与安全技术统一

生产技术工作是通过完善生产工艺过程、完备生产设备、规范工艺操作，从而发挥技术的作用，来保证生产的顺利进行。生产技术不仅包括工艺技术，也包括安全技术。两者的实施目标虽各有侧重，但工作目的是完全统一在保证生产顺利进行，实现快速、优质、安全这一共同基点上的。生产技术与安全技术的统一，体现了安全生产责任制在生产过程中的具体落实，也体现了"管生产，同时管安全"的管理原则。生产技术与安全技术的统一，具体表现在以下几个方面：

（1）在施工生产正式进行之前，要考虑产品的特点、规模、质量要求、生产环境、自然条件等，摸清生产人员的流动规律、能源供给状况、机械设备配置条件、临时设施规模以及物料供应、储放、运输等条件。根据以上各种条件，结合对安全技术的要求，完成生产因素的合理匹配计算，进行科学施工设计和现场布置。经过批准的施工设计和现场布置，即成为施工现场中生产因素流动与动态控制的依据，是落实生产技术与安全技术的保证。

（2）施工项目中的分部、分项工程，在正式施工进行之前，针对工程具体情况与生产因素的流动特点，完成作业或操作方案，为分部、分项工程的实施提供具体的作业或操作规范。操作方案完成后，技术人员要把操作方案的设计思想、内容和要求向作业人员进行详细的交底。安全交底既进行了安全知识教育，同时确定了安全技能训练的时机和目标。

（3）在生产技术工作中，控制人的不安全行为以及物的不安全状态、预防伤害事故的发生、保证生产工艺过程顺利实施的角度，应纳入如下的安全管理职责。

①进行安全知识、安全技能的教育，规范人的行为，使操作者获得完善的、自动化的操作行为，减少生产操作中人为的失误。

②在生产过程中通过安全检查和事故调查，从中充分了解物的不安全状态存在的环节和部位、发生与发展、危害性质与程度，摸索和研究控制物的不安全状态的规律和方法，提高对物的不安全状态的控制能力。

③严格把好设备、设施用前的验收关，绝不能使有危险状态的设备、设施盲目投入运行，预防人、机运动轨迹的交叉而发生伤害事故。

五、正确对待事故的调查与处理

事故是人们不希望发生，但有时可能会发生的事件。事故一旦发生，就应当以正确的态度去对待、去处理，不能以违背人们的意愿为理由，予以否定。采取正确态度的关键在于对事故的发生要有正确的认识，用严肃、认真、科学、积极的态度，处理好已发生的事故，把事故造成的损失降低到最小限度。同时采取有效措施，避免同类事故的发生。正确对待事故的调查与处理，应当做到以下几个方面。

（1）事故发生后，要以严肃、科学的态度去认识事故，按照有关规定，实事求是地及时向有关部门报告，不隐瞒、不虚报、不避重就轻，是对待事故的正确做法。

（2）在积极抢救受伤人员的同时，采取措施保护好事故的现场，以利于调查清楚发生事故的原因，从事故中找出生产因素控制的不足，避免发生同类事故。

（3）弄清事故发生的过程，分析事故发生的原因，找出造成事故的人、物、环境状态方面的主要因素，分清造成事故的安全责任，总结生产因素管理方面的教训。

（4）以发生的事故作为安全教育内容，及时召开事故现场会和事故分析会，进行深刻的安全教育。通过安全教育，使所有生产部位、生产过程中的操作人员，从发生的事故中看到危害，提高他们安全生产的自觉性，从而在操作中积极地实行安全行为，主动地消除物的不安全状态。

（5）经过事故的科学分析，找出事故的发生原因后，应采取预防类似事故重复发生的措施，并组织有关部门和人员进行整改，使整改方案和预防措施得到全面落实。通过严格的检查验收，证明危险因素确实已完全消除时，才能恢复施工作业。

（6）未造成伤害的事故，习惯上称为未遂事故。虽然未遂事故没有造成人员伤害或经济损失，但是也违背了人们的意愿。确实已发生的事件，其危险后果是隐藏在人们心理上的创伤，不良影响作用的时间会更长久。未遂事故同具有损失的事故一样，也暴露出了安全管理上的缺陷，严重事故的发生随时随地存在，这是生产因素状态控制的薄弱环节。因此，对待未遂事故，应与已发生的事故一样，进行认真调查、科学分析、妥善处理。

第二节　公路施工安全事故的预防

一、公路施工常见安全事故

根据资料统计表明，公路项目施工中常见的安全事故有以下几种：

(1) 物体打击，如坠落物体、滚石、锤击、碰伤等。

(2) 高空坠落，如从高架上坠落，或落入深坑、深井等。

(3) 机械设备事故引起的伤害，如绞伤、碰伤、割伤等。

(4) 车祸，如压伤、撞伤、挤伤等。

(5) 坍塌，如临时设施、脚手架垮塌、岩石边坡塌方等。

(6) 爆破及爆炸事故引起的伤害，如炸药、雷管、锅炉和其他高压容器引起的伤害等。

(7) 起重吊装事故引起的伤害等。

(8) 触电（包括雷击）事故。

(9) 中毒、窒息，如煤气、油烟、沥青及其他化学气体引起的中毒和窒息。

(10) 烫伤、灼伤。

(11) 火灾、冻伤、中暑。

(12) 落水等。

二、公路施工安全事故原因分析

发生安全事故不是偶然的，究其原因主要有：

(1) 纪律松弛、管理混乱，有章不循或无章可循。

(2) 现场缺乏必要的安全检查。

(3) 从领导到群众思想麻痹。

(4) 机械设备年久失修、开关失灵、仪表不准、超负荷运转或"带病作业"。

(5) 缺乏安全技术措施。

(6) 忽视劳动保护。

(7) 工作操作技术不熟练、安全意识差、违章作业。

(8) 领导违章指挥。

三、公路施工伤亡事故的预防

安全工作要以预防为主，消除事故隐患。小事故要当大事故抓；别人的事故要当自己的事故抓；险肇事故要当事故抓。另外，不应把搞好安全生产单纯看作技术性工作，而必须从思想上、组织上、制度上、技术上采取相应的措施，综合治理才能奏效。

(一) 思想上重视

首先，项目部领导要重视。要批判"安全事故难免论"和"对安全生产漠不关心"的官僚主义态度，纠正"只管生产，不管安全；只抓进度，不抓安全；不出事故，不抓安全"的错误倾向。其次，要加强对职工安全生产的思想教育，使每个职工都牢固树立"安全第一"的思想。

(二) 建立健全安全生产规章制度

首先，要建立安全生产责任制，即各级项目部门的各级领导的安全管理责任制和职工的安全操作责任制，真正做到"安全生产，人人有责"。其次，要坚持安全生产检查制度。通过检查及时发现问题，堵塞事故漏洞，防患于未然。再次，要坚持安全生产教育制度。最后，要建立安全事故处理制度。事故发生后，应认真吸取教训，防止同类事故重复发生。对事故要按照"三不放过"的原则进行处理，即事故原因分析不清不放过；事后责任者和群众没有受到教育不放过；没有新的防范措施不放过。

(三) 制定切实可行的安全技术措施

公路施工的安全技术措施，如针对土石方工程、高空作业、超重吊装以及采用新工艺、新结构工程特点制定的安全技术规程；机械设备使用中的安全技术措施，如使用前通过检验排除隐患，按性能使用，超负荷运转应经过验、加固和测试，以及加设安全保险、安全信号、危险警示和防护装置；改善劳动条件和作业环境的技术措施，如开展文明施工活动，做到施工现场整洁有序，平面布置合理，原材料、构配件堆码整齐，各种防护齐全有效，各种标志醒目，合理使用劳动保护用品，改善

照明、通风、防尘、防噪声、防震动等方面的技术措施。具体措施如下:

1. 保证施工现场安全生产

保证施工现场的安全生产,是加快工程进度、保证工程质量、降低工程成本的关键。施工企业的全体职工,在保证施工现场安全生产方面必须严肃、认真对待。为保证施工现场的安全生产,应当做到以下几点:

(1) 进入施工现场的所有作业人员,必须认真执行和遵守安全技术操作规程。

(2) 各种施工机具设备、建筑材料、预制构件、临时设施等,必须按照施工平面图进行布置,保证施工现场公路和排水畅通。

(3) 按照施工组织设计的具体安排,形成良好的施工环境和协调的施工顺序,实现科学、文明、安全施工。

(4) 施工现场的高压线路和防火设施,要符合供电部门和公安消防部门的技术规定,设施应当完备可靠,使用方便。

(5) 根据工程的实际需要,施工现场应做好可靠的安全防护工作,以及各种设备的安全标志,确保作业的安全。

2. 预防发生坍塌事故

公路工程的坍塌事故,是一种危害较大的事故,易造成人员的伤亡和财产的损坏,施工中必须认真对待,应采取有效措施避免此类事故的发生。根据施工经验,一般应注意以下几个方面:

(1) 在土石方开挖之前,应根据挖掘深度和地质情况,做好边坡设计或边坡支护工作，并注意做好周围的排水。

（2）施工用的脚手架的搭设必须科学合理、可靠牢固，所选用的材料（包括配件）必须符合质量要求。

（3）大型模板、墙板的存放，必须设置垫木和拉杆，或者采用插放架，同时必须绑扎牢固，以保持稳定。

（4）大型吊装构件在吊装摘吊钩前，必须就位焊接牢固，不允许先摘吊钩、后焊接。

3. 预防机械伤害事故

施工机械运转速度较快，很容易出现机械伤害事故，这也是施工安全管理工作中的重要内容。在预防机械伤害事故中，主要应当做到以下几点：

（1）必须健全施工机械的防护装置，所有机械的传动带、明齿轮、明轴、皮带轮、飞轮等，都应当设置防护网或防护罩，如木工用的电锯和电刨子等，均应当设置防护装置。

（2）机械操作人员必须严格按操作规程和劳动保护规定进行操作，并按规定佩戴防护用具。

（3）各种起重设备均应根据需要配备安全限位装置、起重量控制器、安全开关等（安全）装置。

（4）起重机指挥人员和司机应严格遵守操作规程，司机应当经过岗位培训合格后上岗，不得违章作业。

（5）公路工程施工中所用的施工设备、起重机械具都应当经常检查，定期保养和维修，保证其运转正常、灵敏可靠。

4. 预防发生触电事故

随着施工机械化程度的提高，施工用电越来越多，发生触电事故的概率也越来越高。因此，预防发生触电事故，是施工安全管理中的一项重要任务。预防发生触电事故，主要应注意以下几个方面：

（1）建立安全用电管理制度，制定电气设施的安装标准、运行管理、定期检查维修制度。

（2）根据编制的施工组织和施工方案，制订出具体用电计划，选择合适的变压器和输电线路。

（3）做好电气设备和用电设施的防护措施，施工中要采用安全电压。

（4）设置电气技术专业的安全监督检查员，经常检查施工现场和车间的电气设备和闸具，及时排除用电中的隐患。

（5）有计划、有组织地培训各类电工、电气设备操作工、电焊工和经常与电气设备接触的人员，学习安全用电知识和用电管理规程，严禁无证人员从事电气作业。

5. 预防发生职业性疾病

由于公路工程施工具有露天作业多、使用材料复杂、施工条件恶劣等特点，若不注意很容易发生职业性疾病，这也是公路施工安全管理中十分突出的问题。因此，在预防发生职业性疾病时，应注意以下几个方面：

（1）搅拌机应采取密封以及排尘、除尘等措施，以降低水泥粉尘的浓度，使其达到国家要求的标准。

（2）提高机械设备的精密度，并采取消声措施，以减小机械设备运转时的噪声。

（3）对于从事混凝土搅拌、接近粉尘浓度较大、接近噪声源、受电焊光刺激、强烈日光照射等作业人员，应采取相应的保护措施，并配备相应的防护用品，减少作业人员在不良工况下的作业时间，以减少或杜绝日射病、电光性眼炎及水泥尘肺病等职业病。

6. 预防中毒、中暑事故

公路工程使用的材料，有些对人身是有害的（如沥青、某些溶剂等）；在炎热的气候条件下作业，也会发生中暑事故。因此，预防出现中毒、中暑事故，也是施工安全管理中的内容之一。对于工程中所使用的有毒性材料，应当严格保管使用制度。对有毒性材料要有专人管理，实行严格的限额领料和限量使用；对于有毒性材料的施工，应培训有关人员，并做好防毒措施。对于从事高温和夏季露天的作业人员，要采取降温、通风和其他有效措施。对不适应高温、露天的作业人员应调离其工作岗位。对于高温季节露天作业人员，其工作时间应进行适当调整，尽量将施工安排在早晨或晚上。

7. 雨季施工的安全措施

雨季施工是施工难度较大的时期，也给施工安全管理带来了很大困难。这是施工安全管理中的重点，应采取以下安全措施：

（1）在雨季到来之前，要组织电气设施管理人员，对施工现场所用的电气设备、线路及漏电保护装置，进行认真的检查维修。对发现的电气问题，应立即进行处理。

（2）凡露天使用的电气设备和电闸等，都要有可靠的防雨防潮措施；对于塔式起重机、钢管脚手架、龙门架等高大设施，应做好防雷保护。

(3)尽量避免在雨季进行开挖基坑或管沟等地下作业，若必须在雨季开挖，要制定排水方案及防止坍塌的措施。

(4)雨后应尽快排除积水、清扫现场，防止发生滑倒摔伤或坠落事故。

(5)雨后应立即检查塔式起重机、脚手架、井字架等设备的地基情况，看是否有下陷坍塌现象，若发现有下沉要立即进行处理。

第三节　伤亡事故处理

公路施工企业的施工项目一般都是露天生产场，在场内进行立体多工种交叉作业，拥有大量的临时设施，经常变化的工作面，除"产品"固定外，人、机、物都是流动的，施工人员多、不安全因素多。因此，若不重视安全管理，极易引发伤亡事故。对发生的伤亡事故如何正确处理，这是一个严肃的问题。

一、公路施工项目伤亡事故的处理程序

当公路施工生产场所发生伤亡事故后，负伤人员或最早发现事故的人员，应立即报告工程项目的领导。项目安全管理人员根据事故的严重程度及现场情况，立即报告上级主管部门，及时填写伤亡事故表上报有关部门。特别是发生重大伤亡事故后，更应当以最快的速度将事故概况（包括伤亡人数、发生事

故的时间、地点、原因等) 分别报告企业主管部门、行业安全管理部门、当地劳动部门、公安部门等。公路施工项目伤亡事故的处理程序如下:

(一) 迅速抢救伤员,保护好事故现场

施工伤亡事故发生后,现场人员一定要保持清醒的头脑,切不可惊慌失措,要立即组织起来,迅速抢救伤员和排除险情,制止事故进一步蔓延。为了满足事故调查分析的需要,在抢救伤员的同时,应采取措施保护好事故现场。如果因抢救伤员和排除险情必须移动现场的构件时,应准确做好标记。在有条件时,最好拍下照片或录像,为事故调查提供可靠的事故现场原始资料。

(二) 组织事故调查组

施工企业在接到伤亡事故报告后,首先应立即派人赶赴事故现场组织抢救,然后迅速组织调查组开展事故调查。应根据事故的程度确定事故调查组的组成人员。

(1) 发生轻伤或重伤事故的,应由企业负责人组织生产、技术、安全、劳资、工会等有关人员,组成事故调查组,负责对事故的调查处理。

(2) 发生一般人员死亡事故的,由企业主管部门会同事故现场所在地区的劳动部门、公安部门、人民检察院、工会,组成事故调查组,负责对事故的调查处理。

(3) 发生重大伤亡事故的,应按企业的隶属关系,由省、自治区、直辖市企业主管部门或国务院有关部门牵头，由公安、检察、劳动、工会等部门，组成事故调查组，负责对事故的调查处理。组成事故调查组的成员，应当与发生的事故无直接利害关系，以使其在处理中做到公平、公正、无私。

(三) 进行事故现场勘察

事故调查组成立后，应立即对事故现场进行勘察。事故现场勘察是一项技术性很强的工作，涉及广泛的科学技术知识和勘察实践经验，关系到事故定性的准确性、时效性和公正性。因此，事故现场勘察必须及时、全面、细致、准确，能客观地反映原始面貌。事故现场勘察包括的主要内容如下：

1. 做好事故调查笔录

事故调查笔录是对事故调查和处理的极其重要的资料，也是对事故责任划分的最有力证据。调查组应当详细调查询问，认真做好事故调查笔录。事故调查笔录的内容主要包括：发生事故的时间、地点、气象情况等；事故现场勘察人员的姓名、单位、职务；事故现场勘察的起止时间、勘察过程；能量逸出所造成的破坏情况、状态、程度；设施设备损坏或异常情况，事故发生前后的位置；事故发生前的劳动组合，现场人员的具体位置和当时的行动；重要物证的特点、位置及检验情况等。

2. 事故现场的实物拍照

事故现场的实物拍照是极其重要的佐证材料，应详细拍摄。实物拍照主要包括：反映事故现场在周围环境中所处位置的方位拍照；反映事故现场各部位之间联系的全面拍照；反映事故现场中心情况的中心拍照；揭示事故直接原因的痕迹物、致害物等的拍照；反映伤亡者主要受伤和造成伤害部位的人体拍照；其他对事故调查有价值的相关拍照。

3.事故现场绘图

在某种情况下，事故现场的实物拍照具有一定的局限性，不能全面反映事故现场的实际，认真绘制事故现场图，可以弥补拍照的这一缺陷。根据事故的类别和规模，以及调查工作的需要，主要应绘制出以下示意图：建筑物平面图、剖面图；事故发生时人员位置及疏散（活动）图；破坏物立体或展开图；事故涉及范围图；设备或工器具构造图等。

（四）分析调查事故原因，确定事故性质

在事故调查和取证的基础上，事故调查组可开始分析论证工作。事故调查分析的目的，是搞清事故发生的原因，分清事故的责任，以便从中吸取教训，采取相应的措施，防止类似事故的重复发生。事故分析的步骤和要求如下：

1.查明事故经过

通过详细地调查，查明事故发生的经过。主要弄清发生事故的各种因素，如人、物、生产和技术管理、生产和社会环境、机械设备的状态等方面的问题，经过认真、客观、全面、细致、准确地分析，为确定事故的性质和责任打下基础。

2.分析事故原因

在进行事故原因分析时，首先整理和仔细阅读调查材料，按照国家的有关规定和标准，对受伤部位、受伤性质、起因物、致害物、伤害方法、不安全行为和不安全状态七项内容进行分析。

3. 查清事故责任者

在分析事故原因时，应根据调查分析所确认的事实，从发生事故的直接原因入手，逐渐深入到间接原因。通过对事故原因的分析，确定出事故的直接责任者和领导责任者，根据在事故发生中的作用，找出事故的主要责任者。

4. 确定事故的性质

确定事故的性质，这是事故处理的关键，对此必须科学、慎重、准确、公正。施工现场发生伤亡事故的性质，通常可分为责任事故、非责任事故和破坏性事故三类。只要事故性质确定了，就可以采取不同的处理方法和手段。

5. 制定防止类似事故措施

通过对事故的调查、分析、处理，根据事故发生的各类原因，从中找出防止类似事故发生的具体措施，并责成企业定人、定时间、定标准，完成防止类似事故发生的措施的全部内容。

(五) 写出事故调查报告

事故调查组在完成上述几项工作后，应当立即把事故发生的经过、各种原因、责任分析、处理意见，以及本次事故的教训、估算损失和实际损失、对发生事故单位提出的改进安全工作的意见和建议，以书面形式写成文字报告，经事故调查组全体同志会签后报有关部门审批。事故调查报告要内容全面、语言准确、符合要求、及时上报。如果调查组人员意见不统一，应进一步弄清事实，深入进行论证，对照政策和法规反复研究，尽量统一认识，但不可强求一致。对于不同的意见，在事故调查报告中应写明情况，以便上级在必要时进行重点复查。

（六）事故的审理和结案

事故的审理和结案，是事故调查处理的最后一个环节，也是至关重要的安全管理工作。事故的审理和处理结果，同企业的隶属关系一致。一般情况下，县办企业及县以下企业，由县有关部门审批；地（市）办企业，由地（市）有关部门审批；省、直辖市企业发生的重大事故，由直属主管部门提出处理意见，征得劳动部门意见后，报主管委、办、厅批复。国家建设部对事故的审理和结案有以下几点要求：

（1）事故调查处理结论报出以后，需要经当地有关审批权限的机关审批后方能结案，要求伤亡事故处理工作应在90天内结案，特殊情况也不得超过180天。

（2）对事故责任者的处理，应根据事故的情节轻重、各种损失大小、责任轻重加以区别，予以严肃处理。

（3）清理调查资料，并专案存档。事故调查资料和处理资料，是用鲜血和沉痛教训换来的，是对企业职工进行安全教育的活教材，也是伤亡人员和受到处理人员的历史资料，因此，对于事故调查资料和处理资料，应当完整保存归档。

二、工程施工伤亡事故的处理

对施工伤亡事故的处理，是一项严肃、政策性很强、要求很高的工作，它关系到严格执法、主持公道、稳定队伍、接受教训的大问题，各级领导必须认真对待。

(一) 确定事故的性质与责任

在施工现场发生伤亡事故以后，项目领导以及上级赶赴事故现场的有关人员，应慎重地对事故现场进行初步调查，以便确定事故的性质。一旦认定为工伤事故，事故单位就应根据国家和所在地区的有关规定进行调查处理。在已查清工伤事故原因的基础上，分析每条原因应当由谁负责。按常规一般可分为：直接责任、主要责任、重要责任、领导责任，并根据责任的具体内容落实到人。

(1) 直接责任者。直接责任者是指在事故发生的过程中有必须因果关系的人。如安装电气线路，电工把零线与火线接错，造成他人触电身亡，则电工就是直接责任者。

(2) 主要责任者。主要责任者是指在事故发生过程中属于主要地位和起主要作用的人。如某工地一工人违章从外脚手架爬下时，立体封闭的安全网绳脱扣，使该工人摔下致伤，绑扎此处安全网的架子工便自然成为事故的主要责任人。

(3) 重要责任者。重要责任者是指在事故发生过程中负一定责任，起一定作用，但不起主要作用的人。如某企业在职工中实施了签订互保协议，一个工人违章乘坐提升物料的吊篮下楼，卷扬机司机不观察情况而盲目启动下降，同班组与乘坐者签订互保协议的工人也不制止，如果出现吊篮突然坠落，造成乘坐者受伤，乘坐者是事故的直接责任者，卷扬机司机是主要责任者，协议互保人就是重要责任者。

（4）领导责任者。领导责任者是指忽视安全生产，管理混乱，规章制度不健全，违章指挥，冒险蛮干，对工人不认真进行安全教育，不积极消除事故隐患，或者事故发生后仍不采取有力措施，致使同类事故重复发生的单位负责人。如某工地领导只重视施工速度，不考虑施工条件和工人身体状况，强行命令工人加班加点，如果出现工伤事故，工地的主要领导和负责安全生产的领导，均为领导责任者。

（二）严肃处理事故责任者

对造成事故的责任者，要加强教育、严肃处理，使其真正认识到：凡违反规章制度，不服从管理或强令工人违章作业的，因此而发生重大事故，都是一种犯法行为，触犯了《中华人民共和国劳动法》和《中华人民共和国刑法》，严重的要受到法律的制裁，情节较轻的也要受到党纪和行政处罚。

有下列情况者，应给予必要的处分：

（1）事先已发现明显的事故征兆，但不及时采取有力措施去消除隐患，以致发生工伤事故，造成人员伤亡和财产损失者。

（2）不执行规章制度，对各级安全检查人员提出的整改意见，不认真执行或拒不服从，仍带头或指使违章作业，造成事故者。

（3）已发生类似事故，仍不接受教训，不采取、不执行预防措施，致使此类事故又重复发生者。

（4）经常违反劳动纪律和操作规程，经教育仍不改正，以致引起事故，造成自己或他人受到伤害或财产受到损失者。

(5) 不经有关人员批准，任意拆除安全设备和安全装置者。

(6) 对工作不负责任或失职而造成事故者。

(三) 稳定队伍情绪，妥善处理善后工作

工程实践证明，施工现场一旦发生伤亡事故，将严重影响正常的生产、工作和生活秩序。尤其表现出领导精神紧张、职工思想波动、队伍情绪低落，工程质量、施工进度、企业经济和社会效益，都会受到不良影响，如果处理不好，还会影响企业内部和社会的安定团结，给企业和政府带来很大压力。因此，稳定队伍情绪，妥善处理善后工作，是事关大局的事情，必须下大力气切实解决好。

(1) 事故发生后，企业领导和工地负责人要率先垂范，立即赶赴事故现场，积极组织力量抢救伤员，并发出停工令，让大部分职工撤离事故现场，防止事故扩大而增加损失。

(2) 项目经理或主管领导要冷静沉着、果断指挥，立即召开有关人员会议，成立事故调查处理小组和行政生产管理小组，以便有秩序地开展工作。

(3) 待事故调查组基本搞清事故发生的经过、原因和责任后，事故单位应在事故调查组的参与下，组织召开事故分析会议，从事故事实中找出教训和责任者，提出改进安全管理工作的措施，以此提高干部职工安全生产的意识。

(4) 工伤事故发生后，应尽快通知伤亡人员的家属，切实做好接待和安抚工作，如实地向其家属介绍事故的情况，以取得他们的谅解和协助。

（5）根据国家和地区有关处理伤亡事故的规定，做好医疗和抚恤工作。这是一件最难解决的问题，企业领导要引起足够的重视，要根据国家的有关政策，做好耐心细致的思想工作。

（6）在征得有关部门同意复工后，企业领导一方面首先组织干部、专业人员和职工对施工现场进行全面的安全检查，及时处理发现的问题和隐患；另一方面组织全体施工人员，认真学习安全生产技术知识、规章制度、标准和操作规程，特别是为避免同类事故再次发生应宣布本工地所采取的措施，使全体职工受到深刻的教育，把安全管理工作提高到一个新的水平。

第四节　文明施工管理

文明施工是指施工场地整洁、卫生，施工组织科学，施工程序合理的一种施工活动。文明施工包括规范施工现场的场容、场貌，保持作业环境的整洁卫生；科学有序地组织施工；减少噪声、排放物和废弃物等对周围环境和居民的影响；保证员工的健康和安全。

文明施工是施工企业管理工作的一个重要组成部分，也是企业有计划、有秩序、有步骤施工的体现，又是施工现场安全生产的基本保证，文明施工不仅体现着企业的综合管理水平，而且关系到施工企业的经济效益。文明施工是现代化施工的一个重要标志，是施工企业施工管理综合素质的反映，针对工程施工中的特点，应把创建文明建设工地与安全质量管理放在同等地位对待，贯穿于项目实施的全过程。公路工程文明施工是指保持公路工程施工现场的整洁、卫生，施工组织科学有序，施工程序科学合理，施工过程确保安全，整个施工符合环境保护要求的一种施工管理活动。这是现代公路建设对其提出的更高标准、更新要求。

一、公路工程项目文明施工管理

建立文明的施工环境不仅是工程自身的需要，也是整个社会的需要。文明施工不但与安全隐患存在着千丝万缕的关系，而且还直接或间接地影响着人们的身体健康。实施文明施工、加强现场施工环境管理，将现场的环境保护与文明施工纳入施工管理的职责，并强制性执行，对工程来说是至关重要的。搞好公路工程项目文明施工的首要条件就是必须建立文明施工组织机构，制定切实可行的管理制度，收集和保存文明施工的资料，加强文明施工的宣传和教育。其具体的技术措施如下：

（1）施工现场应成立以项目经理为第一责任人的文明施工管理组织，分包单位应服从总包单位文明施工管理组织的统一管理，并接受检查和监督。

（2）各项施工现场管理制度应包含文明施工的规定，包括个人岗位责任制度、经济责任制度、安全检查制度、持证上岗制度、奖惩制度、竞赛制度和各项专业管理制度等。

（3）加强和落实现场文明检查、考核及奖惩管理，以促进施工文明管理工作的积极性。检查范围和内容应全面周到，包括生产区、生活区、场容场貌、环境文明及制度落实等内容。

对于检查发现的问题，应采取整改措施，并限期加以改正。

（4）收集文明施工的资料。①上级关于文明施工方面的标准、规定、法律等资料；②施工组织设计（施工方案）中对文明施工的管理规定，各阶段施工现场文明施工的措施；③文明施工教育、培训、考核计划的资料，文明施工自检资料，文明施工活动各项记录资料。

（5）加强文明施工的宣传和教育工作。①在坚持岗位练兵的基础上，要采取派出去、请进来、短期培训、上技术课、登黑板报、广播、看录像、看电视等方法，灵活多样地进行文明施工教育；②要特别注意对新进场工人和临时工的岗前培训及教育，使他们知道文明施工的重要性；③各级领导和专业管理人员，不仅要抓工程质量、进度和成本，而且要重视和熟悉文明施工管理。

二、公路工程项目文明施工基本要求

随着社会的发展和公路工程的管理逐步进入规范化、法制化轨道，文明施工的条例、制度也成为施工建筑法规的重要内容，加上业主对文明施工的具体要求日趋严格和规范，因此，作为施工单位，只有在思想上充分认识到文明施工的重要性，把文明施工工作切实抓紧、抓好、抓出成效，才能在日益激烈的市场竞争中求生存、谋发展、创一流。实现公路工程的文明施工，不仅要着重做好施工现场的场容管理工作，而且还要相应做好现场材料、机械、安全、技术、保卫、消防、生活等方面的管理工作。

公路工程项目文明施工的基本要求如下：

（一）对现场场容管理方面的要求

（1）工地主要入口处要设置简易规整的大门，门旁必须设立明显的标牌，标明工程名称、施工单位和工程负责人姓名等有关内容。

（2）建立文明施工责任制，划分区域，明确管理负责人，实行挂牌制，做到现场清洁整齐。

（3）施工现场应场地平整，公路坚实畅通，有良好的排水设施；基础、地下管道施工完毕后，要及时回填平整，清除积土。

（4）现场施工用的临时水电要有专人管理，不得有长流水、长明灯现象。

（5）施工现场的临时设施，包括生产、办公、生活用房、仓库、料场、临时上下水管道以及照明、动力线路，要严格按施工组织设计中确定的施工平面图进行布置，并做到搭设或埋设整齐美观。

（6）工人操作地点及其周围必须清洁整齐，做到活完脚下清，工完场地清；丢撒在楼梯、楼板上的砂浆、混凝土要及时清除，落地灰要回收过筛后再使用。

（7）砂浆、混凝土在搅拌、运输、使用过程中，要做到不撒、不漏、不剩，混凝土必须有容器或垫板，如果有撒、漏应及时清理。

（8）要有严格的成品保护措施，严禁损坏、污染成品，防止堵塞管道。在公路施工的沿线，要每隔一定距离设置临时厕所，并有专人负责清理，严禁在施工现场随地大小便。

（9）工程施工所清除的垃圾渣土，要按照施工组织设计的要求，集中运送到规定的地点，严禁随意堆放，更不得随意处理。在清运渣土、垃圾等废物时，要采取遮盖、防漏措施，运送途中不得遗撒。

（10）根据公路工程的规模、性质和所在地区的不同情况，采取必要的围护和遮挡措施，并保持外观整洁。

（11）针对施工现场的具体情况，设置宣传标语和黑板报，并适时更新内容，切实起到表扬先进、促进后进的作用。

（12）施工现场采用封闭式管理，严禁家属在现场居住，严禁居民、家属、小孩在施工现场穿行和玩耍。

（二）对现场机械管理方面的要求

（1）现场使用的机械设备，要按照平面布置图规划固定点存放，遵守机械安全规程，经常保持机身及周围环境的清洁，机械的标记、编号明显，安全装置可靠。

（2）在清洗施工机械时排出的污水要有排放措施，不得使其随地流淌而污染施工现场。

（3）在所用的混凝土和砂浆搅拌机旁，必须设有沉淀池，不得将浆水直接排放到下水道及河流等处。

（4）塔吊轨道要按规定铺设整齐稳固，塔边要封闭，道渣不外溢，路基内外排水畅通。

总之，现场机械管理要从安全防护、机械安全、用电安全、保卫消防、现场管理、料具管理、环境保护、环境卫生八个方面进行定期检查。

(三) 职工应知两个方面的内容

1. 安全色

安全色是表达信息含义的颜色，用来表示禁止、警告、指令、指示等，其作用在于使人们能够迅速发现或分辨安全标志，提醒人们注意，预防事故发生。在工程上常用的颜色有红色、蓝色和黄色。①红色：表示禁止、停止、消防和危险的意思。②蓝色：表示指令，必须遵守的规定。③黄色：表示通行、安全和提供信息的意思。

2. 安全标志

安全标志是指在操作人员容易产生错误、可能造成事故的场所采取的一种标示。此标志由安全色、几何图形复合构成，是用以表达特定安全信息的特殊标志。设置安全标志的目的，是引起人们对不安全因素的注意，预防事故的发生。

三、公路工程项目文明施工内容

在公路工程文明施工方面，各施工企业都根据自己的特点和经验，制定了施工过程中的具体内容。现将某公路施工企业列出的文明施工工作内容介绍如下：

(1) 施工企业在开工前需要做好施工组织设计，绘制好总体平面布置图，应布局合理，文明责任区划分明确，并有明显标记。同时设置明显的标牌，标明工程项目名称、工程概况、建设单位、设计单位、监理单位、项目经理和技术负责人的姓名、开工日期及计划交工日期。

（2）项目经理部必须实行目标管理，将施工组织网络图、年度目标计划、工序交接流程、质量目标及管理制度上墙，并按季度、月份进行目标细化。高速公路工程施工企业应实行计算机动态跟踪管理。

（3）施工现场所有管理人员、监理人员都必须佩戴胸卡（上岗证上应附照片、姓名、职务、岗位等）。

（4）施工现场（工地）作业公路应保持平整，设有路标。机具材料应做到"二整"：机械设备保持状态良好、表面整洁、停置整齐；施工材料堆放有序、存储规整合理，并插置标示牌。工地现场外观应做到"三洁"：施工场地整洁、生活环境清洁、施工产品亮洁。场区及施工范围内的沟道、地面无废料、垃圾和油污，应做到工完、料尽、地清。办公室、作业区、仓库等场所内部应整洁有序，生活区中的食堂、水房、浴室、医务室、宿舍及厕所应符合防火、卫生、通风、照明等要求。

（5）施工标段内的每个重要人工构造物（桥梁、隧道、房建）均应设置标明名称、施工负责人、技术负责人、旁站监理等内容的公告牌。

（6）各类拌和场内必须进行硬化处理，材料分隔堆放，并标明名称、产地、规格，对水泥、钢材等需设置防雨、隔潮设施。

（7）现场使用的主要机械设备（如沥青混凝土合料拌和设备、摊铺机、压路机等）应配设"设备标志牌"，标示出设备名称、生产厂家、出场日期、使用状况，操作人员姓名等。在现场使用的主要拌和设备旁，如沥青混合料拌和楼、基层材料拌和楼、水泥混凝土拌和楼（机）等，应设立正在拌和生产的混合料配比控制牌。

（8）施工现场的每个施工点，均应有负责人在现场指导施工，主要部位应有技术人员盯岗，现场指挥和技术人员要熟悉操作工艺要求及质量标准。

（9）合理安排施工工序，可能对路面造成污染的附属工序要提前进行或采取相应的保护措施，有碍于间层结合的工序不准在路面上施工或摆放材料。

（10）施工便道（包括施工企业自建的临时公路和因施工需要而通行的原有公路）应进行日常养护，保证晴雨通车，经常清扫、洒水，防止尘土飞扬而影响当地群众的正常生活、生产活动。

（11）施工企业应具有环保意识，对施工中产生的废弃材料不可乱弃乱放，应按要求运往指定地点进行处理存放；对易于造成环境污染的施工材料，在运输、存放及使用过程中，应采取有效措施，使之不产生污染或将污染程度降到最低。

（12）现场进行的各项施工操作，必须按施工前的施工操作安排或有关规范和规定进行，做到层次清楚、紧张有序，杜绝违章操作和野蛮施工。

（13）监理人员对施工企业的文明施工情况应随时进行监督检查，对不能满足文明施工要求的要及时下令予以整改。

（14）施工结束后要做好临时占地的恢复工作，对施工中占用的地方公路、桥梁等做好修复工作。

第五章　桥梁施工安全管理

第一节　桥梁基坑工程施工安全控制管理

一、基坑工程概述

(一) 深基坑的定义

根据中华人民共和国住房和城乡建设部于 2009 年 5 月 13 日发布的《危险性较大的分部分项工程安全管理办法》中的附属文件，深基坑工程为：

(1) 开挖深度超过 5m (含 5m) 的基坑 (槽) 的土方开挖、支护、降水工程。

(2) 开挖深度虽未超过 5m，但地质条件、周围环境和地下管线复杂，或影响毗邻建筑 (构筑) 物安全的基坑 (槽) 的土方开挖、支护、降水工程。

(二) 基坑工程的特点

(1) 基坑支护体系是临时结构，安全储备较小，具有较大的风险性。基坑工程施工过程中应进行监测，并有应急措施。在施工过程中一旦出现险情，需要及时抢救。在开挖深基坑的时候注意加强排水防灌措施，风险较大的，应该提前做好应急预案。

（2）基坑工程具有很强的区域性。如软黏土地基、黄土地基等工程地质和水文地质条件不同的地基中基坑工程差异性很大，同一城市不同区域也有差异。基坑工程的支护体系设计与施工和土方开挖都要因地制宜，根据本地情况进行，外地的经验可以借鉴，但不能简单搬用。

（3）基坑工程具有很强的个性。基坑工程的支护体系设计与施工和土方开挖不仅与工程地质水文地质条件有关，还与基坑相邻建（构）筑物和地下管线的位置、抵御变形的能力、重要性，以及周围场地条件等有关。有时保护相邻建（构）筑物和市政设施的安全是基坑工程设计与施工的关键。这就决定了基坑工程具有很强的个性。因此，对基坑工程进行分类、对支护结构允许变形规定统一标准都是比较困难的。

（4）基坑工程综合性强。基坑工程不仅需要岩土工程知识，也需要结构工程知识，需要土力学理论、测试技术、计算技术及施工机械、施工技术的综合运用。

（5）基坑工程具有较强的时空效应。基坑的深度和平面形状对基坑支护体系的稳定性和变形有较大影响。在基坑支护体系设计中要注意基坑工程的空间效应。土体，特别是软黏土，具有较强的蠕变性，作用在支护结构上的土压力会随时间变化。蠕变将使土体强度降低，土坡稳定性变小。所以对基坑工程的时间效应也必须给予充分的重视。

（6）基坑工程是系统工程。基坑工程主要包括支护体系设计和土方开挖两部分。土方开挖的施工组织是否合理将对支护体系是否成功具有重要作用。不合理的土方开挖步骤和速度可能导致主体结构桩基变位、支护结构过大的变形，甚至引起支护体系失稳而导致破坏。在施工过程中，应加强监测，力求实行信息化施工。

(7) 基坑工程具有环境效应。基坑开挖势必会引起周围地基地下水位的变化和应力场的改变，导致周围地基土体的变形，对周围建 (构) 筑物和地下管线产生影响，严重的将危及其正常使用或安全。大量土方外运也将对交通和弃土点环境产生影响。

深基坑的定义：建设部建质〔2009〕87号文关于印发《危险性较大的分部分项工程安全管理办法的通知》规定：一般深基坑是指开挖深度超过5m (含5m) 或地下室三层以上 (含三层)，或深度虽未超过5m，但地质条件和周围环境及地下管线特别复杂的工程。另外，基坑和基槽都是用来建筑建筑物的基础，只是平面形状不同而已。基坑是方形或者比较接近方形的；基槽是长条形状的。底面积在27m² 以内 (不是20)，且底长边小于3倍短边的为基坑。槽底宽度在3m 以内，且槽长大于3倍槽宽的为基槽。也就是说，一般定义深基坑为底面积在27m² 以内 (不是20)，且底边长小于3倍短边，开挖深度超过5m (含5m) 或地下室三层以上 (含三层)，或深度虽未超过5m，但地质条件和周围环境及地下管线特别复杂的工程。反之则为浅基坑。

(三) 深基坑支护结构

基坑工程是由地面向下开挖一个地下空间，深基坑四周一般设置垂直的挡土围护结构，围护结构一般是在开挖面基底下有一定插入深度的板(桩)墙结构；板(桩)墙有悬臂式、单撑式、多撑式。支撑结构是为了减小围护结构的变形，控制墙体的弯矩，可分为内撑和外锚两种。

1. 围护结构

1) 基坑围护结构体系

(1) 基坑围护结构体系包括板(桩)墙、围檩(冠梁)及其他附属构件。板(桩)墙主要承受基坑开挖卸荷所产生的土压力和水压力，并将此压力传递到支撑，是稳定基坑的一种施工临时挡墙结构。

(2) 地铁基坑所采用的围护结构形式很多，其施工方法、工艺和所用的施工机械也各有所异；因此，应根据基坑深度、工程地质和水文地质条件、地面环境条件等，特别要考虑到城市施工的特点，经技术经济综合比较后确定。

2. 深基坑围护结构类型

在我国应用较多的有板柱式、柱列式、重力式挡墙、组合式以及土层锚杆、逆筑法、沉井等。

1) 工字钢桩围护结构

作为基坑围护结构主体的工字钢，一般采用 ISO 号、ISS 号和 I 60 号大型工字钢。基坑开挖前，在地面用冲击式打桩机沿基坑设计边线打入地下，桩间距一般为 1.0 ~ 1.2m。若地层为饱和淤泥等松软地层也可采用静力压桩机和振动打桩机进行沉桩。基坑开挖时，随挖土方在桩间插入 50mm 厚的水平木板，以挡住桩间土体。基坑开挖至一定深度后，若悬臂工字钢的刚度和强度都够大，就需要设置腰梁和横撑或锚杆(索)，腰梁多采用大型槽钢、工字钢制成，横撑则可采用钢管或组合钢梁。

工字钢桩围护结构适用于黏性土、砂性土和粒径不大于100mm 的砂卵石地层；当地下水位较高时，必须配合人工降水措施。打桩时，施工噪声一般都在 100dB 以上，大大超过了环境保护法规定的限值。因此，这种围护结构一般宜用于郊区距居民点较远的基坑施工中。当基坑范围不大时，例如地铁车站的出入口，临时施工竖井可以考虑采用工字钢做围护结构。

2) 钢板桩围护结构

钢板桩强度高，桩与桩之间的连接紧密，隔水效果好，可重复使用。因此，沿海城市如上海、天津等地区修建地下铁道时，在地下水位较高的基坑中采用较多；北京地铁一期工程在木樨地过河段也曾采用过。

钢板桩常用断面形式，多为 U 形或 Z 形。我国地下铁道施工中多用 U 形钢板桩，其沉放和拔除方法、使用的机械均与工字钢桩相同，但其构成方法则可分为单层钢板桩围堰、双层钢板桩围堰及屏幕等。由于地铁施工时基坑较深，为保证其垂直度且方便施工，并使其能封闭合拢，多采用帷幕式构造。

3) 钻孔灌注桩围护结构

钻孔灌注桩一般采用机械成孔。地铁明挖基坑中多采用螺旋钻机、冲击式钻机和正反循环钻机等。对正反循环钻机，由于其采用泥浆护壁成孔，故成孔时噪声低，适合于城区施工，在地铁基坑和高层建筑深基坑施工中得到广泛应用。

4）深层搅拌桩挡土结构

深层搅拌桩是用搅拌机械将水泥、石灰等和地基土相拌和，从而达到加固地基的目的。作为挡土结构的搅拌桩一般布置成格栅形，深层搅拌桩也可连续搭接布置形成止水帷幕。

5）SMW 桩

SMW 桩挡土墙是利用搅拌设备就地切削土体，然后注入水泥类混合液搅拌形成均匀的挡墙，最后，在墙中插入型钢，即形成一种劲性复合围护结构。

这种围护结构的特点主要表现在止水性好，构造简单，型钢插入深度一般小于搅拌桩深度，施工速度快，型钢可以部分回收、重复利用。

6）地下连续墙

地下连续墙主要有预制钢筋混凝土连续墙和现浇钢筋混凝土连续墙两类，通常地下连续墙一般指后者。地下连续墙有如下优点：施工时振动小、噪声低，墙体刚度大，对周边地层扰动小；可适用于多种土层，除夹有孤石、大颗粒卵砾石等局部障碍物影响成槽效率外，对黏性土、无黏性土、卵砾石层等各种地层均能高效成槽。

地下连续墙施工采用专用的挖槽设备，沿着基坑的周边，按照事先划分好的幅段，开挖狭长的沟槽。挖槽方式可分为抓斗式、冲击式和回转式等类型。在开挖过程中，为保证槽壁的稳定，采用特制的泥浆护壁。泥浆应根据地质和地面沉降控制要求经试配确定，并在泥浆配制和挖槽施工中对泥浆的相对密度、黏度、含砂率和 pH 值等主要技术性能指标进行检验和控制。每个幅段的沟槽开挖结束后，在槽段内放置钢筋笼，并浇筑水下混凝土，然后将若干个幅段连成一个整体，形成一个连续的地下墙体，即现浇钢筋混凝土壁式连续墙。

二、基坑施工可能发生的安全事故类型

基坑工程施工常出现的事故有：边坡失稳，基底隆起，基坑渗流破坏，基坑突涌，周围地面及邻近建筑物沉陷、倾斜、开裂等问题。如不及时采取应急措施，将导致周围地面沉陷破坏、邻近建筑物倒塌、地下设施断裂破坏等，不仅影响工期，而且会造成很大的经济损失，甚至危及人身安全。

三、基坑坍塌的原因分析

导致基坑坍塌的原因可归结为技术和管理两个层面，下面将分析基坑坍塌事故发生的原因和特点，并提出防范建议。

（1）地质勘察报告不满足支护设计要求。地质勘察报告往往忽视了基坑边坡支护设计所需的土体物理力学性能指标，不注重对周边土体的勘察、分析，这使得支护结构设计与实际支护需求不符。

（2）无基坑支护结构设计。基坑支护设计是基坑开挖安全的基本保证，应由有设计资质的单位进行支护专项设计。

（3）支护结构设计存在缺陷。由于基坑现场的地质条件错综复杂，设计人员应根据现场实际情况进行支护结构设计。支护结构设计存在的缺陷，势必会形成安全隐患，有的坍塌就是支护结构设计不合理所致。

（4）放坡不当。基坑开挖前应根据地质和基坑周边环境情况，确定基坑边坡高宽比，计算边坡的稳定性。

（5）排、降、截、止水方法不当。水患控制是基坑施工的重点，应采取合理、有效的控水方案。对控水方案的实施必须进行监测，并对可能出现的险情，制定应急措施。济南市两座商厦均因降水措施处理不当，造成基坑开挖时地面局部塌陷，使支护结构和周围建筑物遭到不同程度的破坏。

（6）无施工组织设计。施工组织设计是施工的依据，施工方应根据工程地质及水文条件、现场环境等编制施工组织设计，经勘察、设计、监理方和相关部门审查后，方可施工。无施工组织设计，必然造成现场违章指挥，违章作业。

（7）基坑开挖方案不合理。有的是由于基坑开挖方案不合理所致，如挖土进度过快，开挖分层过大，超深开挖；护坡桩成桩后即开挖土方；基坑挖到设计标高后未及时封底，暴露时间过长等。

（8）不按施工组织设计施工。黑龙江省某部门一办公楼基坑不按施工组织设计施工，导致基坑坍塌，造成3人死亡，2人受伤。南昌某广场综合楼工程，施工方擅自将C20混凝土挖孔桩护壁改成竹篾护壁，导致坍塌。

（9）对意外情况处理不当。当土方开挖过程中遇障碍物、管道等时，不及时报告，而是以侥幸心理继续施工。

（10）忽视周边环境、建筑物等对基坑的影响。基坑开挖前应了解基坑周边环境、建筑物、地表水排泄、地下管线分布、道路、车辆、行人等情况，并且采取相应措施。

（11）未对基坑开挖实施监控。对基坑开挖过程中的监控是通过布置观测点，监测基坑边坡土体的水平和垂直位移、水渗透影响、支护结构应力和变形等，以便及时预防和控制。重庆某小区工程，对高度近20m的基坑边坡不做监控，由于未能及时掌握土体变形情况，对基坑的突然坍塌毫无防备。

（12）施工质量达不到设计要求。护坡桩缩颈、断桩，锚杆或土钉达不到设计长度，倾角与原设计不符，灌浆质量差等，使支护结构承载力和对土体的支护达不到设计要求，形成隐患。

（13）管理及技术人员缺乏专业常识。有的管理及技术人员缺乏专业常识，把围墙当挡土墙使用。

四、防范基坑坍塌建议

（1）严格贯彻、执行《建筑法》《建设工程安全生产管理条例》及相关技术规范、规程的规定，从源头上、施工过程中全面降低安全事故发生的概率。

（2）基坑支护结构设计和基坑开挖施工组织设计，除正常的审查外，还应经建设行政主管部门认可的专家委员会和技术咨询机构审查通过，方可作为施工依据。

（3）重视基坑监测，消除安全隐患。按《建筑地基基础设计规范》《建筑边坡工程技术规范》要求对基坑实施监测，掌握基坑边坡土体及已有建筑物的水平和垂直位移、水渗透影响、支护结构的变形和应力等情况。一旦监测值接近规范容许值和所测指标突变时，应及时向业主、监理、设计方报告，并根据监测情况及时调整支护结构和施工方案。

（4）改善技术交底工作。必须重视和改善安全和技术交底工作，落实逐级、逐项安全和技术交底制度。交底时应在施工组织设计基础上作技术细化，强调安全注意事项；用通俗的语言，使作业人员理解、掌握，并按照安全和技术要求作业。

（5）加强施工监管。在基坑开挖过程中，必须有技术人员现场指挥和监理方的监管。施工和监理方要把监督重点放在事故多发的环节，尤其是在基坑支护结构施工、基坑放坡、排水降水、开挖土体的堆放等方面。

（6）防范次生事故造成的伤害。发生后，因次生事故、抢险措施或防护不当，造成更多伤亡的现象也较为突出，这暴露出施工现场管理和技术人员对事故的发展和危害缺乏科学的判断；现场救援水平低及救援装备欠缺等问题。在基坑施工前，应作次生分析预测，施工现场应按应急预案，配备经检验合格的急救人员和急救器材。

第二节　桥梁墩台工程施工安全控制管理

一、工程危险源辨识及其危害分析

桥墩和桥台的合称，是支撑桥梁上部结构的建筑物。桥台位于桥梁两端，并与路堤相接，兼有挡土作用；桥墩位于两桥台之间。桥梁墩台和桥梁基础统称为桥梁下部结构。

（一）桥墩施工特点

桥墩位于两桥台之间，作为支撑桥梁上部结构的建筑物，桥墩施工均为高空作业，易出现工程事故，危险源较多，且一旦出现工程事故，危害较大。

（二）高空作业危险源种类

高桥墩施工危险源主要包括高处坠落、钢筋模板倾覆、机电设备失灵等。

1. 高处坠落

（1）人员坠落。桥梁墩柱施工时，需要搭设脚手架进行作业。施工人员在脚手架上方应防止坠落。脚手架上坠落事故发生的具体原因主要有：脚踩探头板；走动时踩空、绊、滑、跌；操作时弯腰、转身不慎碰撞杆件等使身体失去平衡；坐在栏杆或脚手架上休息、打闹；站在栏杆上操作；脚手板没铺满或铺设不平稳；没有绑扎防护栏杆或防护栏杆损坏；操作层下没有铺设安全防护层；脚手架超载断裂等。

在高墩爬架上施工作业时事故发生的突出原因有：高空作业立足面狭小，作业用力过猛，使身体失控，重心超出立足面；脚底打滑或不慎踩空；随着重物坠落；身体不舒服，行动失控；没有系安全带或没有正确使用安全带，或在走动时取下；安全带挂钩不牢固或没有牢固的挂钩点等。

（2）物件坠落。无论是在脚手架上还是在爬架上，除防止人员坠落外还应防止作业工具及小型机具等物件的坠落。

物件坠落的具体原因主要有：脚手架超载断裂；爬架上小型机具（如电焊机等）没有连接件或没有绑扎防护栏杆（或防护栏杆损坏），使其在爬架爬升或人员操作时滑落；随身没有携带工具袋，将操作工具随手乱扔导致其坠落；工具没有用安全绳系在手腕上或腰间，使其在操作时从手中滑落等。

2. 钢筋、模板倾覆

钢筋绑扎时没有用拉筋拉好，或因长时间未安装模板而没有设置风缆绳导致整体钢筋骨架倾倒；模板安装完成后，没有用缆绳将四周拉紧，使整体模板或钢筋倾倒。

3. 机电设备

桥墩施工机电设备主要包括塔吊、输送泵、施工机械、串筒、料斗、电焊机、发电机等。施工时可能会因为设备漏电、触电、刹车失灵、提升设备故障、操作不当等引起机电设备烧毁、坠落、损坏、事故伤人、预应力张拉事故等。

（三）高空作业施工的安全要求

（1）担任高处作业的人员必须身体健康。患有精神病、癫痫病及患有高血压、心脏病等不宜从事高处作业病症的人员，不准参加高处作业。凡发现工作人员有饮酒、精神不振时，禁止登高作业。

（2）高处作业均需要先搭建脚手架或采取防止坠落措施，方可进行。

（3）在立柱、盖梁、箱梁、高边坡以及其他危险的边沿进行工作时，临空一面应装设安全网或防护栏杆，否则，工作人员必须使用安全带。

（4）在没有脚手架或者在没有栏杆的脚手架上工作，高度超过 1.5m 时，必须使用安全带或采取其他可靠的安全措施。

（5）安全带的挂钩或绳子应挂在结实牢固的构件上，或专为挂安全带用的钢丝绳上，禁止挂在移动或不牢固的物件上。

（6）高处作业应一律使用工具袋，较大的工具应用绳拴在牢固的构件上，不准随便乱放，以防止从高空坠落发生事故。

（7）在进行高处作业时，除有关人员外，不准他人在工作地点的下面通行或逗留，工作地点下面应有围栏或装设其他保护装置，防止落物伤人。如在格栅式的平台上工作时，为了防止工具和器材掉落，应铺设木板。

（8）不准将工具及材料上下投掷，要用绳系牢后往下或往上吊送，以免打伤下方工作人员或击毁脚手架。

（9）上下层同时进行工作时，中间必须搭设严密牢固的防护隔板、罩棚或其他隔离设施。工作人员必须戴安全帽。

（10）在遇到 6 级及以上的大风以及暴雨、打雷、大雾等恶劣天气时，应停止露天高处作业。

（11）禁止登在不坚固的结构上进行工作。为了防止误登，必要时要在不坚固的结构物处挂上警告牌。

（四）高空作业的安全防控措施

1. 防止高空作业人员坠落的安全防控措施

（1）高空作业场所禁止非施工人员进入。

（2）脚手架搭设应符合规程要求并经常检查维修，作业前要先检查其稳定性。

(3) 高空作业人员应衣着轻便，穿软底鞋。

(4) 患有精神病、癫痫病、高血压、心脏病及酒后、精神不振者严禁从事高空作业。

(5) 高空作业地点必须有安全通道，通道内不得堆放过多物件，垃圾和废料及时清理运走。

(6) 在距地面1.5m及以上高处作业时必须系好安全带，将安全带挂在上方牢固可靠处，高度不低于腰部。

(7) 遇有6级以上大风及恶劣天气时应停止高空作业。

(8) 严禁人随吊物一起上落，吊物未放稳时不得攀爬。

(9) 高空行走、攀爬时严禁手持物件。

(10) 垂直作业时，必须使用差速保护器和垂直自锁保险绳。

(11) 及时清理脚手架上的工件和零散物品。

2. 防止高空落物伤人安全措施

(1) 对于重要、大件吊装必须制定详细吊装施工技术措施与安全措施，并有专人负责，统一指挥，配置专职安全人员监护。

(2) 非专业起重工不得从事起吊作业。

(3) 各个承重临时平台要进行专门设计并核算其承载力，焊接时由专业焊工施焊并经检查合格后才允许使用。

(4) 起吊前对吊物上的杂物及小件物品进行清理或绑扎。

(5) 从事高空作业时必须配工具袋，大件工具要绑上保险绳。

(6) 加强高空作业场所及脚手架上小件物品清理、存放管理，做好物件防坠措施。

（7）上下传递物件时要用绳传递，不得上下抛掷，传递小型工件、工具时使用工具袋。

（8）尽量避免交叉作业。拆架或起重作业时，作业区域设警戒区，严禁无关人员进入。

（9）切割物件材料时应有防坠落措施。

（10）起吊零散物品时要用专用吊具进行起吊。

3.防止钢筋模板倾覆措施

（1）钢筋绑扎时用拉筋拉好，钢筋骨架及时设置缆风绳。

（2）模板安装完成后，用缆绳将四周拉紧。

（3）模板安装完成后检查模板支撑系统、模板拉杆是否完好、牢固。

（4）施工过程中派专人检查模板支撑系统、模板拉杆、缆风绳使用情况，出现异常情况及时处理。

4.防止机电设备故障措施

（1）施工前对机具设备进行检查维修，调试合格后方可使用。

（2）施工过程中派专人不定期检查机具设备使用情况，出现异常情况及时处理。

（3）机具设备使用完毕后派专人进行保养。

（五）高空作业安全保障措施

1.基本要求

（1）高处作业中所用的物料，均要堆放平稳，不妨碍通行和装卸。

（2）高处作业必须按规程搭设安全网；作业人员佩戴安全帽、安全带等防护用具。

（3）高处作业人员必须精力集中，不得嬉闹，酒后严禁高处作业。

（4）工具要随手放入工具袋；作业中的走道、通道板和登高用具，要随时清扫干净；拆卸下的物件及余料和废料均要及时清理运走，不得任意乱置或向下丢弃。高处作业所有料具应放置稳妥，传递物件禁止抛掷。

（5）严禁人员跟随起重物上下。

（6）高处作业采用统一规程的信号灯与地面联系。

（7）高处作业时应与输电线路保持安全距离，遇有恶劣天气停止作业。

（8）上、下交叉作业时必须采取隔离措施。

（9）防护用品穿戴整齐，裤脚要扎住，戴好安全帽，不穿光滑的硬底鞋，要佩戴有足够强度的安全带。

（10）夜间不宜进行高处作业。

（11）遇有6级风力时，禁止露天高处作业。

2. 高处作业安全防护

1）攀登作业安全防护

（1）攀登用具构造上必须牢固可靠，移动式梯子均按现行的国家标准验收其质量。

（2）梯脚底部应坚实，不得垫高使用，梯子的上端有固定措施。

（3）立梯工作角度以 75°±5° 为宜，踏板上下间距以 30cm 为宜，并不得有缺档。折梯使用时上部夹角以 35°~45° 为宜，铰链必须牢固，并有可靠的拉撑措施。

（4）使用直爬梯进行攀登作业时，攀登高度以 5m 为界宜，超出 2m，加设护笼，超过 8m，设置梯间休息平台。

（5）作业人员从规定的通道上下，上下梯子时，必须面向梯子，且不得手持器物。

（6）当梯面上有特殊作业，重量超过上述荷载时，应按实际情况加以验算。

2）悬空作业安全防护

（1）悬空作业处有牢靠的立足处，并视具体情况，配置防护栏网、栏杆或其他安全设施。

（2）悬空作业所用的索具、脚手板、吊篮、吊笼、平台等设备，均需经过技术科验证后方可使用。

（3）吊装中的大模板、预制构件等面板上，严禁站人和行走。

（4）支模板应按规定的工艺进行，严禁在连接件和支撑件上攀登上下，并严禁在同一垂直面上装、拆模板。支设高度在 3m 以上的柱模板四周应设斜撑，并设立操作平台。

（5）绑扎钢筋和安装钢筋骨架时，应搭设脚手架和马凳。绑扎立柱和盖梁钢筋时，不得站在钢筋骨架上或攀登骨架上下，绑扎 3m 以上的墩柱钢筋，必须搭设操作平台。

（6）浇注离地 2m 以上结构时，应设操作平台，不得直接站在模板或支撑件上操作。

（7）特殊情况下如无可靠的安全设施，必须系好安全带并扣好保险钩。

（8）预应力张拉区域应标示明显的安全标志，禁止非操作人员进入。张拉的两端必须设置挡板。挡板距所张拉钢筋的端部 1.5～2m，且应高出最上一组张拉筋 0.5m，其宽度应距张拉钢筋两外侧各 1m。

（9）进行预应力张拉时，要搭设站立操作人员和设置张拉设备用的牢固可靠的脚手架或操作平台。雨天张拉时，还要架设防雨篷。孔道灌浆要按预应力张拉安全设施的有关规定进行。

（10）进行高空焊接、气割时应事先清理火星飞溅范围内的易燃易爆物或采取可靠的隔离措施才能施工。

二、桥墩施工安全防护

（一）桥墩简介

桥墩是支撑桥梁上部结构的建筑物，桥墩位于两桥台之间。桥墩由帽盖（顶帽、墩帽）和墩身组成。帽盖是桥墩支撑桥梁支座或拱脚的部分。桩柱式墩的桩柱靠帽盖联结为整体。墩身是桥墩承重的主体结构。

1. 实体墩

也称为重力式墩，是依靠自身重量保持稳定的桥墩。它的整体性和耐久性好。实体墩的墩身常用抗压强度高的石料砌筑或混凝土浇筑。当墩身较大时，可在混凝土中掺入不超过墩身体积25%的片石，以节省水泥。实体墩也可用预制的块件在工地砌筑，各块件用高强度钢丝束串联来施加预应力。砌筑时，块件要错缝。用这种方法建造的实体墩又称为装配式桥墩。

2. 薄壁墩

分为用钢筋混凝土制作的实体薄壁桥墩和空心薄壁桥墩。实体薄壁桥墩适用于中小跨径桥梁；空心薄壁桥墩多用于大跨径桥和高桥墩桥。

3. 柱式墩

在基础上灌筑混凝土单柱或双柱、多柱所建成的墩。通常采用两根直径较大的钻孔桩作基础，在其上面建立柱作成双柱墩，并在两柱之间设横系梁以增加刚度。此外，也常采用单桩单柱墩。

4. 排架桩墩

由单排桩或双排桩组成的桥墩。一排桩的桩数一般同上部结构的主梁数目相等。将各桩顶联系在一起的盖梁可用混凝土制作。这种桥墩所用的桩尺寸较小，因此通常称这种桥墩为柔性桩墩。它按柔性结构设计可考虑水平力沿桥的纵轴线在各墩上的分配。

5. 构架式桥墩

以两根或多根构架做成的桥墩，多用钢筋混凝土制作。构架式桥墩轻型美观。桥梁墩台按施工方式的不同还可分为砌筑墩台、装配式墩台、现场浇筑墩台等几种类型。

（二）桥墩施工准备

1. 人员准备

桥梁墩身在施工中必须指定专门的安全负责人和一定数目的安全员，定期对施工机具设备进行检查保养，确保机具使用正常。

2. 材料物资准备

桥梁墩身在施工中所用的安全材料及安全防护用品均需满足技术规范要求。进场前，材料设备和安全防护用品均需有关质量保证书。

用于安全防护的材料进场后，按要求分类、分批存放，堆码整齐，设防晒雨棚，妥善保管安全防护用品。

3. 桥墩施工危险因素防范措施

墩身施工存在高处坠落和物件坠落事故隐患的部位主要是模板施工的操作平台和爬梯，因此要对这两个部位采取必要的防护措施。

（1）操作平台安全防护。在模板施工作业操作平台周边搭设钢管防护栏杆，并张挂密目式安全立网，在操作平台地面满铺脚手板，要求所有脚手板均采用铁丝绑扎牢固，禁止出现探头板现象，脚手板伸出小横杆以外不得超过20cm。在操作平台下底面张挂安全平网，作为第二层防护。

2）爬梯安全要求

（1）材料及要求。①钢板及型钢采用性能合乎要求的钢材。②扶手栏杆采用无缝钢管，各钢管间采用焊接。③踏步前缘到扶手顶的高度一般为1000mm。④为满足现场施工安全需要，平台栏杆不得低于1100mm。

（2）生产制作。①爬梯各构件制作完成后应检查零件是否齐全，焊缝不应有裂纹、过烧现象，外露处应磨平。钢管间焊接处的焊脚弧线应饱满、自然。构件表面应光滑无毛刺，安装后不应有歪斜、扭曲、变形等缺陷。②为防止施工人员在上下斜爬梯时脚下打滑，采用花纹钢板制作成封闭式踏步。斜爬梯两端的踏步应与转角平台顶面齐平，现场可通过点焊使踏步与平台顶面相连接，以避免踏步板翘起。

（3）安装要求。①爬梯应尽量与结构物靠近，以缩小水平搭板、新制侧面梯梁以及扶臂结构等的长度。②当爬梯高度过大时，可设置扶臂设施。③爬梯顶棚可根据需要设置。④爬梯平台正面和侧面均可安装梯梁或设置水平搭板通向其他工作平台。当高差较大时，应设置梯梁；当高差较小时，可设置水平搭板，并采取合理方式固定。⑤爬梯四周用安全网封闭。

（三）塔吊安装程序及安全技术措施

（1）按塔吊说明书及基础设计资料的要求，核对基础施工质量关键部位。检测塔机基础的几何尺寸位置、尺寸误差，确定均在允许范围内后，测定水平度。

（2）详细了解安装用吊车的技术状况，由技术负责人向吊车司机交代塔吊安装过程及吊装主要部件的尺寸、重量、高度，共同商定吊车停放位置、臂杆长度及仰角等主要技术参数。

（3）安装负责人召集安装作业人员、吊车机组人员及吊装指挥人员开会，共同讨论落实安全技术措施，专项明确吊车支脚支承作业人员，确保支脚支承坚实牢固。

（4）严格按照塔机使用说明书所规定的安装程序进行作业，在基础制作完成并合格后，再进行整机安装。

（5）安装底座及基础节（与斜撑杆）：安装底座前先放好调整垫板、底座及基础节，调整底座每个销轴（螺栓）前先将销孔清理干净，销轴（螺栓）皆涂以黄油。

（6）安装压重块时应注意交替进行以保持塔机的平衡。

（7）安装套架（对自升式），然后将顶伸油缸安装在套架上，吊起套架，套入标准节，并使油缸的顶升横梁支承在标准节的踏步（牛腿）上。

（8）安装回转支承总成件，使两根导入平梁（导轨）与外套架开口同侧。

（9）安装塔帽时应注意吊点位置，以保持起吊时平衡。

（10）安装平衡及拉杆，在将平衡壁垒吊装之前，先将需装置在平衡臂上的所有机构、护栏、电气接线等全部装好，注意起吊平衡性，严禁先装配重（制造厂另有特殊规定的除外）。

（11）安装起重臂及拉杆，在安装之前，大臂拼接，装变幅小车，穿绕钢丝绳等工作需先做好，吊装前先派专人检查拉杆，连接轴销及保险安装情况，确保安全，轴销装入锁好（安全销装好）并呈现纹接状态。如遇卡死，先松动后才能起吊，此时由电工配合接好控制接线路。起吊调整平衡后将小车固定死，再继续起吊，吊装即将就位时用棕绳将臂端与塔身绑住，以便平衡穿轴销。

（12）装配重，并且固定好。

（13）按要求穿绕起重钢丝绳，并接好所有电器线路，调试好起重、变幅、回转、力矩限位器及套架导轮与标准节间隙 2~5mm。

（14）再次指派专人检查平衡臂及拉杆、吊臂及拉杆、配重组件等部位，连接螺栓轴销、保险销、开口销的安全保险安装情况，并实行检查岗位责任备查制度。

（15）检查各齿轮箱油面，各连接部件的坚固情况，各钢丝绳穿绕及卡紧固定情况。

（16）接通各电器线路，检查塔机的绝缘电阻不小于 0.5MΩ 时，才能进行初次的空载调试。

（17）初调目的是保证塔机顶升加节自用吊装安全，调好变幅限位使机构达到正常工作状态。

（四）模板施工中易发事故防范措施

模板组装的质量是后继施工安全质量的保证。为此，必须确保技术可靠、防护到位、安装牢固。

（1）每节模板在组装时应由线路中心向两端逐一对称、两侧同步安装，并要确保中线水平精度，模板间连接缝要密贴。

（2）模板组装完成后应及时上好拉筋撑木，上齐模板间的连接螺栓、螺母与垫圈，待测量、安全检查符合要求后再拧紧，而后进行复测与检查；同时安装吊架并绑扎安全网，保证作业人员安全。

（3）墩身混凝土采取分层均匀对称灌注，捣固密实，捣固棒不得撞击模板、拉杆及钢筋，混凝土泵送管道不得与模板系统相连接，以免在泵送混凝土过程中对模板造成振动，进而引发事故。

（4）提升平台在混凝土灌注并初凝后进行，提升高度以能满足一节模板组装为准，不得大于2.2m，严禁空提过高而降低整个系统的稳定性，增加危险，在提升过程中要进行纠偏、调平，以保证模板位置准确，确保工作质量。爬杆上升到固定顶杆的螺栓位置时，应即时安装加强板并拧紧固定螺栓，提升到位后立即对称转动紧固爬杆的螺栓。

（5）模板翻升或爬升是一个受力转换过程，工序比较烦琐。应注意做好以下几点：一是各种模板拆除前均要用吊钩或"八"字形挂钩将其挂牢，并上好拉筋、撑木、螺栓、垫圈等，调检好尺寸后方可拆除，以防发生坠落而造成事故；二是安装拉杆前要检查其两端螺纹，如有损伤应更换；三是模板吊起之前，应认真察看模板面板是否已脱离开上节模板围带，以免撞挂导致事故；四是爬架模板内的紧固螺栓待模板整体组装后要及时拧紧。

（五）触电事故的防护措施

（1）施工现场不得架设裸导线，严禁乱拉乱接，不得直接绑扎在金属支架上。

（2）所有电气设备的金属外壳必须有良好的接地或接零保护。

（3）所有的临时和移动电器必须设置有效的漏电保护开关。

（4）在十分潮湿的场所或金属构架等导电性良好的作业场所，宜使用安全电压。

（5）现场应有醒目的电气安全标志，无有效安全技术措施的电气设备不得使用。

（6）配电箱内开关、熔断器、插座等设备齐全完好、配线及设备排列整齐，压接牢固，操作面无带电外露，电箱外壳设接地保护，每个回路设漏电开关。

（7）施工现场的分电箱必须架空设置，其底部距地表高度不得少于 0.5m。

（8）电焊机的外壳应完好，一、二次线的接线柱应有防护罩保护，其一次线电源应有橡套电缆线，长度不得超过 5m。

（9）现场照明一律采用软质橡皮护套线并有漏电开关保护，移动式碘钨灯的金属支架应有可靠的接地和漏电开关保护，灯具必须固定且距地不低于 2.5m。

（10）进行电路维修时，必须断电操作，并在电闸处设置警示牌。

第三节　桥梁结构施工安全控制管理

桥梁工程施工是一项复杂的系统工程，受到多方面因素的影响，一旦安全管理工作不到位，就有可能在施工过程中出现各种安全事故，如桥梁坍塌事故、高处坠落事故、脚手架事故、起重事故等，造成重大的人员伤亡和经济损失。

一、预制梁预制、运输、架设施工安全防护

（一）预制梁场安全防护要求

1. 预制梁场安全防护内容

预制梁场安全防护内容主要有：制梁、存梁台座的地基承载力和沉降的安全防护；混凝土工厂的安全防护；各类车间、仓库的安全防护；起重设施的安全防护；道路及水、电、气管路的安全防护等。

2. 预制梁场布置

（1）梁场周边应设置隔栅或围墙进行封闭，并有明显的标识。

（2）场内道路要进行硬化，并有足够的抗压强度以抵抗运输荷载的碾压，同时应有车辆避让及迫转的位置，道路坡度应满足运梁车爬坡能力的要求。

（3）梁场布置时应在道路两侧设置照明灯，并布设排水系统。梁场道路应保证视线通畅。

3. 制梁、存梁台座

（1）制梁、存梁台座的地基应坚实平整，地基沉降量应控制在设计容许范围内。

（2）制梁、存梁场地应设置排水系统，场地内不得有积水，台座周边应稍高于地面，以便雨水、养护水及时排除流入排水沟。

（3）制梁、存梁台座应将支撑结构纳入台座设计中，其支

撑上端应有与梁翼缘顶紧的装置,下端应牢固地固定于地面,防止滑动造成支撑失效。

4. 车间、仓库

(1) 产品、半成品、物料等摆放应留出足够的人行道和运输通道,产品或物料堆放不得超高、歪斜,防止倒塌,产品、物料标识应清晰,危险品应隔离单独存放,并有保护措施。

(2) 消防设施应配置充足,完好齐全,摆放合理并定期保养,消防通道应畅通无阻。

(3) 各种电力线路敷设满足相应安全要求,电器设施完好齐全。各种机械、设备应严格按照机械设备操作规程进行操作。

5. 水、电、气(汽)

(1) 生活用水应经检验,其指标应满足国家有关饮用水标准规定,生产、生活用水应设置明显标志。

(2) 储水设施(如浮鲸、储水池等)应完整无泄漏,架高的储水装置放置的基础应稳回无沉降,储水池周围应设置围栏并加装盖板,悬挂安全标志牌。

(3) 梁场配电间应布置在僻静的位置,远离生活区和作业区,并设置围栏隔离,挂设警示标志。

(4) 梁场高、低压线路应架空敷设,架空高度应满足施工净空要求,场内配电柜、电力线路及用电设施应满足施工用电有关规定要求。

(5) 蒸汽锅炉、空压机和储气罐应有产品生产许可证和产品质量合格证,供气(汽)管路及接头必须达到供气(汽)压力要求,接头、阀门连接牢固不漏气(汽)。

（6）压力容器应按规定进行鉴定，并注明工作压力及使用有效期。

（7）蒸汽管道敷设应避开氧气、乙炔库等有防热要求的设施，且应采取隔热材料进行包裹，避免蒸汽灼烫。蒸汽管道维修时，应停止供汽，排除管道内蒸汽，冷却后方可进行作业。

（二）预制梁安全防护要求

钢筋、模板、混凝土施工安全防护除应满足情境二中"钢筋、混凝土安全事故预防"外，还应满足本节要求。

1. 预制梁安全防护内容
预制梁安全防护内容包括钢筋绑扎与吊装、模板安装与拆除、预应力施工、混凝土施工及桥面辅助设施施工安全防护。

2. 钢筋绑扎与吊装
（1）定位胎架应具有足够的强度、刚度和稳定性，钢筋骨架在绑扎过程中不得变形、失稳或垮塌，钢筋定位胎架应有固定防倾倒措施。

（2）预制梁钢筋单元骨架应采用两台门吊吊装，并设专用吊具，其吊具应通过设计计算确定。

（3）起吊钢筋骨架时，下方严禁站人，待就位支撑好后方可摘钩。

（4）钢筋骨架吊装就位后、模板安装前应临时支撑固定，以防倾倒。

3. 模板安装与拆除
模板施工安全防护要求除应满足情境二中"模板、支架和脚手架安全事故预防"外，还应满足如下要求：

（1）T梁模板的存放应设临时支撑避免倾倒。钢筋骨架安装后，作业人员需在模板与钢筋间进行作业时，应临时将台座两侧的模板支撑两两连接。

（2）钢模板翼板外缘应设置施工平台，并配置栏杆、扶手，模板上不得摆放工具、材料。

（3）上下模板的梯子应按标准制作，并固定在侧模端部的外侧，雨天和雪天均应采取防滑措施。

（4）侧模支撑千斤顶底部时马凳应放置平稳，不得歪斜，支撑千斤顶应与地面垂直，需抄垫时应将垫板置于千斤顶底部。

（5）箱梁内模安装与拆除时，轨道支撑架摆放位置应正确，平稳牢固。内模滑出前应检查模板是否已全部脱模并回缩到位，滑移两侧及前方有无障碍物。

（6）内模滑移时应缓慢匀速，滑移时内模内不准站人，需要人员进入时，应停止滑移。

4. 桥面辅助设施施工

（1）桥面辅助设施施工前，应设置临时栏杆，防止作业人员不慎坠落。

（2）桥面外施工时，如泄水管、栏杆、挑梁等，应搭设施工脚手架或吊篮，脚手架或吊篮结构应满足使用要求和相关安全管理规定，并经检查验收合格后方可使用。

（3）严禁上下抛掷物料或工具等物，作业点处的工具、物料等要放置稳妥牢靠，以防物料、工具等坠落伤人。

（三）移梁及吊梁安全防护要求

（1）用卷扬机平移梁体时，卷扬机应安装牢固、稳定，防止受力时位移和倾斜，并注意以下要点：

①作业前应检查钢丝绳、离合器、制动器、保险棘轮、传动滑轮等，发现故障应立即排除。

②通过滑轮的钢丝绳不得打结和扭绕，钢丝绳在卷筒上必须排列整齐，作业中至少需保留三圈。

③两侧应有能随梁移动的保护支撑。滑梁时两端应同步滑行，滑板应有导向设备。

④拖拉滑板旁应有专人监护，严禁偏斜或脱出滑道。

（2）用横移台车（滑板式）平移时，应注意以下要点：

横移前，应检查箱梁在滑道上的位置是否正确，支点是否稳定、牢固，防偏移装置是否安装妥当，滑移前方是否有障碍物。移动过程中，应控制两端保持同步，滑道两侧应有人监测，防止梁体偏移，滑移时梁上不得站人。

（3）用龙门吊起吊梁体时，应注意以下防护及措施：

①作业前应拆除锁轨装置或缆风，开车前必须检查所有机械部分、电气部分是否处于良好状态（包括限位器、钢丝绳、吊钩、制动器），同时进行润滑。

②龙门吊机每次起动前必须鸣铃，并配备走行状态报警器。

③捆梁时，护梁铁瓦及其他支垫物应在受力时进行调整，使其支垫牢实，钢丝绳必须可靠地悬挂在吊钩或铁扁担上，有保险销时应插好。

④吊梁时保持左右两侧卷扬机升降速度一致，受力正常。同时应检查钢丝绳有无跳槽和护梁铁瓦有无窜动脱落情况。梁体吊离支承面 20～30 mm 时，应暂停起吊，对各重要受力部位和关键处所进行观察，确认一切正常后方能继续起吊。

⑤梁在起落过程中应保持水平。横向倾斜度最大不得超过 2%，纵向倾斜度亦不宜过大。龙门吊机在提梁时，严禁两个动作同时进行，梁下不得站人或有人通行。

⑥梁体就位并支撑稳定后，方可松钩。

⑦起重机使用的钢丝绳，其结构形式、规格、强度必须符合该起重机要求。卷筒上钢丝绳应连接牢固，排列整齐。放出钢丝绳时，卷筒上至少要保留 3 圈以上。收放钢丝绳时应防止钢丝绳打结、扭结、弯折和乱绳。不得使用扭结、变形的钢丝绳。

⑧遇有六级及以上大风或大雨、大雪、大雾等恶劣天气时，应停止起重作业。

(4) 用移梁台车纵横移：

①纵横移台车每台顶升液压千斤顶必须设置安全液压锁，两侧设置声光报警器。

②作业前应检查设备的状况、通信信号、道路、轨道状况。

③移梁作业时，必须保证四台液压顶同步起升，保持梁体水平，当顶升高度达到设计要求时，应立即用锁紧装置对液压顶进行锁紧保护。

④纵横移台车运行时，应保持同步、平稳。

⑤纵横移轨道两侧严禁堆放物料，每次移梁后应检查横移

台车主梁结构焊缝、螺栓等，确保安全。

⑥制动装置、自动控制机构及监视、指示、仪表和报警等装置发生故障时应及时修理或更换，否则不得进行移梁作业。

⑦在雨雪及大风等恶劣天气下，不得进行移梁作业。

（四）存梁及运输安全防护要求

1. 存梁

梁体存放时，存梁支点距梁端的距离应符合设计要求，箱梁存梁台座同端支点顶面相对高差不得超过2mm，支垫应牢固，不得偏斜。双层存梁时，下层梁应已完成终张拉，上下层梁的支点位置应在同一垂直面上。

2. 运输

（1）梁片运输应按《铁路工程施工安全技术规程》（TB10401.1—2003）附录C有关规定执行。

（2）运梁前，应对运输线路的等级、坡度、曲线半径、路面完整情况和已架桥梁的承载能力等进行全面调查，必要时应采取加固措施。

（3）梁片运输时，支点位置应与设计相符，并应制定固定捆绑方案。T梁运输时，应对其稳定性进行计算，并根据计算配置专用支撑架进行支撑固定。

（4）桥面运梁时，必须在已架设T梁之间的横向连接钢板全部焊接完成并经检查合格后方可通行。

（5）梁片起吊装车运输时，两端的高差不得大于30cm，牵引车运送梁片时，行驶速度不得超过5km/h。

（6）运梁时，梁片两端外侧应挂设警示标志，夜间应设置警示灯。

（7）采用火车运梁时，应绘制梁体装车图，明确梁体装车的重心偏移量、桥梁装车使用的车型号、运梁支承的结构形式以及梁体装车配重区域及重量。桥梁装车图及方案必须符合铁道部有关规定，并经铁路部门审批，运输前必须经铁路相关部门列检、货检合格。

（8）采用船舶运梁时，应规划航线、调查航道，确定下锚位置及起吊方法、下锚数量、带缆位置，选择临时避风锚地，掌握行期气象预报，了解流速、波浪、风力、风向等情况，与航道及海事部门签订护航协议，办理有关水上运输手续。

（9）梁体装车（船）并检查确认合格后，应在梁体、车船上作出标识，以供押运人员在运途中检查梁体是否发生移位。

（五）预制梁架设安全防护要求

1.龙门吊机架设

（1）选用2台龙门吊机，其走行速度、提升速度原则上应尽可能一致。

（2）提升卷扬机宜设置双制动装置，高速端采用电力液压块式制动器，低速端设置液压失效保护，同时配备超载限制器、起吊高度限位器及报警装置，主卷扬机设有排绳装置和紧急制动装置。

（3）吊机走行轨道的地基应坚实、稳固、无沉陷，软弱地基应加固，轨距、接头、坡度应符合要求。

（4）捆绑梁片的钢丝绳安全系数 K＝6。

（5）龙门吊机吊梁横移或跨墩纵移时，应提升至墩顶结构物以上不小于 0.5m，并经检查确认后，方可移动。

（6）龙门吊机拼装、使用、拆除应符合"龙门吊机安全防护"的要求。

2. 架桥机架设

（1）选用悬臂式架桥机、单梁式架桥机、双梁式架桥机和铺轨架桥机进行架梁作业时，均应按现行铁道部标准《铁路架桥机架梁暂行规程》(铁建设〔2006〕18 号) 中的有关规定执行。

（2）选用其他类型架桥机架梁时，应根据架桥机的性能，按现行国家标准《起重机安全规程》(GB6067—2009) 和《铁路架桥机架梁暂行规程》(铁建设〔2006〕18 号) 制定安全操作细则，并经批准后执行。

（3）架桥机拼装与拆除应编制专项安全方案，并严格按照装吊作业有关规定进行作业，拼装作业区应设置围栏，挂设警示标志。

（4）拼装式架桥机结构应按设计制造，并符合现行国家标准《起重机设计规范》的有关规定。临时支架搭设应牢固可靠，并与架桥机的行走轨道相对应。轨道安装应平顺，道床无沉陷，轨距和轨缝应符合安全要求。

（5）拼装式架桥机架梁前应进行静载、动载实验和试运转，静载试验的荷载为额定起重量的 1.25 倍，动载试验的荷载为额定起重量的 1.1 倍。架梁时，应安装超载限制器、提升 (下降) 限位器、缓冲器、制动器、止轮器等装置。架桥机就位后，应使前后支点稳固。用液压爬升（下落）梁体时，爬升杆应同步，其高差不得大于90mm。梁体在架桥机上纵、横移动时，应平缓进行。

（6）拼装式架桥机到下一桥孔架梁时，台车及前后龙门天车的位置应符合设计规定：当桥梁的一端在运梁台车上，而另一端在龙门天车上吊起准备前移时，龙门天车与运梁台车应同步。拼装式架桥机应定期对重要部件（如轮、轨、吊钩、钢丝绳等）进行探伤检查。

（7）喂梁前应检查架桥机喂梁空间有无障碍物，前端应设置止轮器。喂梁时应低速缓慢进入，到位后应安装后端止轮器。

（8）架桥机提梁时，吊杆安装后螺杆应露出螺母三个丝扣，调整至各吊点受力均匀。起吊时应慢速进行，至梁体脱离运梁车后进行刹车试验，无异常情况后方可继续提升，提升时两端应同步。

（9）架桥机吊梁纵移时，两起重天车走行应平稳同步。纵移接近前支腿时，点动操作，严防梁体碰撞架桥机前支腿。纵移走行速度不得大于3m/min，起重天车纵横移两端均应设置止轮器。

（10）落梁时应同步，保持梁体平稳水平。墩位横移时应在低位作业，并缓慢平稳以减少梁体的晃动对架桥机的横向冲击。

（11）架桥机过孔前，应将起重天车移至架桥机后端并进行锁定，清除走行前方各种障碍物，调整配电柜等供电设施至合适的位置。过孔时，应保持中、后小车同步走行。

（12）架梁前应对桥头路基进行压道。压道时，严禁使用己组装的架桥机压道；当压道出现路基下沉严重时，应对路基进行加固。

（13）架桥机通过地段的线路净空应满足架桥机的要求。

（14）在大坡道上停车对位，架梁时，应设专人安放止轮器和操作紧急制动阀。吊梁小车或行车的制动装置必须牢固可靠，并设制动失灵的保险设施。下坡道架梁时，应在架梁列车后方安装脱轨器及采取防止车辆脱钩的措施。

（15）应有专人防止运梁小车向下方溜动，并备有止溜木模和止轮器。架梁时应由专人检查、加固，非作业人员应撤离架桥作业范围。

（16）当风力超过6级时，应停止架梁作业，并采取相应保护措施。

二、原位制梁施工安全防护

（一）移动模架原位制梁

1. 设计

（1）移动模架设计应根据使用功能对走行、过孔、混凝土浇筑、预应力张拉等工况进行受力特性分析、抗倾覆分析、抗风性能分析及稳定分析，各类计算分析应按可能出现的最不利荷载进行组合。

（2）在纵坡上行走的移动模架，应考虑设置防溜滑设施，确保模架走行安全。

（3）移动模架前后支腿的设计应充分考虑桥墩顶布置及结

构受力因素，力求支撑结构稳定，承力墩顶强度满足要求，布置合理、方便操作、便于转运。

(4) 吊杆结构应尽量避免采用精轧螺纹钢，必须采用时应增设防电弧损伤和防弯折损伤的设施，并加强检查，发现问题及时更换。

(5) 在曲线上采用移动模架时，应考虑横向防倾防滑措施。

2. 制造及验收

(1) 移动模架的制造应选择有资质并具有相应生产经历的专业厂家进行，并派人对生产全过程进行监督和控制。

(2) 移动模架所用材料应有质量鉴定报告和出厂合格证。

(3) 移动模架承力大梁一般采用焊接结构，应通过焊接工艺评审，其焊接质量应制定相关检验方法及质量要求，关键部位应采取无损探伤进行检查。采用栓接的部位，不得采取气割修孔或扩孔的方式进行错孔处理。

(4) 移动模架各类安全设施（如操作平台、栏杆、爬梯等）均应严格按照设计图纸进行布置安装，不得任意变动或不装，不得任意更改材料规格或型号，验收时应对照设计图纸进行核实。

3. 安装及拆除

(1) 移动模架的拼装应制定详细的拼装方案，并报上级部门审查批准。拼装方案应包括安装步骤、各种构件的重量和几何中心、吊装方法及吊重曲线、吊机站位及起吊步骤、临时支护措施及结构、地基承载力及加固方案等内容。

(2) 采取地面拼装整体起吊就位方案时，提升站应进行专项设计计算，并编制整体提升、横移方案，并报上级部门审查批准，提升设备宜选用连续千斤顶。

（3）上行式移动模架模板一般在待浇孔分段整体提升安装，临时吊挂固定，提升用卷扬机钢丝绳安全系数 K ≥ 3，千斤用钢丝绳安全系数 K ≥ 6，且提升应平稳、缓慢，固定吊挂应牢固可靠。

（4）移动模架在拼装作业时应严格按照拼装顺序施工，承重钢箱梁起吊时应拴挂溜绳；拼接好的两侧钢箱梁之间应及时安装横向连接系，防止倾覆。

（5）移动模架拼装检查合格后，应对模架进行荷载试验。荷载试验的加载应分级进行，其总加载量为设计荷载的 1.2 倍（首次使用）或 1.1 倍（重复使用）。

（6）移动模架与墩身的支撑结构，其预埋件应满足设计要求。

（7）移动模架拆除应编制拆除专项方案。

4. 使用

（1）所有承重结构及构件（如导梁、主梁、销轴连接、螺栓连接、焊接连接、前后支点、吊杆等）在使用过程中每个循环均应进行检查，并填写检查记录，签字存档备查。

（2）采用精轧螺纹钢筋作为吊杆或拉杆时，应采取保护措施，防止电弧灼伤、撞击、弯折破坏。对支撑系统、液压系统、走行系统等必须进行经常性检查，发现有变形、压曲、焊缝裂纹、螺栓脱落或剪断、结构失稳等损伤或异常时，应立即停止作业，找出原因并进行更换或修复后，方可恢复施工。

(3)移动模架上不得随意堆放工具或材料等重物，施工过程中临时存放的材料应对称均匀，不得造成偏载或集中荷载，在混凝土灌注前应清除模架上多余的各种材料及不用的设备、工具。

(4)各类安全设施应经常进行检查和维护，如因施工维修或其他原因临时拆除时，应挂设警示牌和指示牌。

(5)模板脱模时，连接结构确认是否拆除完毕，并检查有无阻碍脱模的障碍物，支点是否稳定可靠，确认无问题后，方可启动脱模。

(6)移动模架走行前应检查走道位置是否正确，固定是否牢靠，前进方向有无障碍物，模架有无附加荷载，液压设备是否正常运行。

(7)浇筑混凝土时，应布设测量观测点，对承重主梁、模板的变形进行观测，并设专人检查关键部位的螺栓、焊缝、销轴、吊杆、拉杆等结构，发现问题及时处理。

(8)当移动模架处于四周空旷或构筑物的最高点时，要在移动模架顶设置防雷接地装置，将电流直接引入地下，不能使电流通过模架构件。

(9)移动模架的走行系统、液压系统、支撑系统及连接系统在每次使用前后，均应进行全面检查，对有问题的构件要及时更换或维修。在受到其他因素影响暂停施工后，重新投入使用前应对移动模架进行全面检查。

(10)在移动模架施工、走行等过程中，应注意对各种安全设施、警示宣传标志标牌等的保护，模架走行前，可将模架两侧安全网先行拆除，模架到位后立即恢复。

(二)现浇支架原位制梁

1.设计

(1)支架基础设计应有设计单位提供的地质勘探资料及相关地质参数，无相关资料或资料不全的，应进行地质补钻探，确保地质参数准确无误，不宜采取推算的方式选取相关地质参数。

(2)当地下水位较高，且在寒冷地区冬季施工时，应考虑土层冻融破坏，在基础范围内应考虑排水设施。

(3)支架设计应进行支架强度、刚度及稳定计算，并检算横向稳定性，基础应进行承载力和沉降计算。

(4)水中支架基础应考虑汛期水流冲击、漂浮物及船舶撞击、局部冲刷等因素。

2.制造及验收

(1)支架钢结构制造应严格按照《钢结构工程施工质量验收规范》(GB50205—2001)执行，其质量标准必须满足设计要求及验收标准。

(2)支架结构采用的定型材料(或设备)，如钢管脚手架、钢管、贝雷梁、型钢等应满足相应行业各项标准，进场必须进行检查验收，周转使用的材料或设备还应进行锈蚀、损伤评估，对严重锈蚀至已经降低承载面积的，应拒绝使用或降低级别使用。

(3)各类连接件、预埋件、分配梁、托架等应严格按照设计图纸进行加工，其焊接质量应满足设计要求。

3. 安装及拆除

（1）支架安装、预压、拆除应编写专项安全方案。

（2）支墩钢桩现场接高，其对接接头应顺直无弯折、对齐无错牙、顶紧无间隙；当采用焊接接头时，应等强度焊接，且接头应帮焊4～8块钢板，以加强接头的焊接强度。

（3）采用钢管脚手架时，支架的搭设应按《建筑施工扣件式钢管脚手架安全技术规范》（JGJ130—2001）、《建筑施工碗扣式脚手架安全技术规范》（JGJ166—2008）的要求进行施工，并设上下通道，通道应与架体连接牢固。

（4）支架安装过程中的连接系（包括横向连接系和附墙连接件）应尽快安装，确保结构稳定。

（5）应对支架构件中焊缝、螺栓、销轴、保险销等严格检查，确认符合设计要求，不得漏装或错装。

（6）支架抄垫模块应有限位及固定措施，确保使用期间位置不变、抄垫密实；临时支撑砂筒使用前应按设计吨位进行预压，以消除非弹性变形，并应有防倾覆措施。

（7）支架安装完成后，应按规定进行荷载试验。

（8）现浇支架拆除必须在混凝土强度达到设计要求、预应力体系张拉完成规定步骤后进行，拆除前应办理签证。

（9）支架拆除过程中应始终保持结构整体稳定性，必要时应增设临时稳定结构。

4. 使用

（1）支架结构在使用过程中，应定期进行检查，并做好检查记录，发现问题应及时处理。

应加强支架安全防护设施的维护和保养，确保安全防护设施的有效性和安全性。

（2）水中临近航道的支架，应设置防撞桩；陆地临近公路、施工便道的支架，应设置防撞墩，挂设醒目的安全警示和安全指示标志以及夜间航标灯、反光标志等，并办理航运、交通安全施工有关手续。

（3）跨越公路、铁路的现浇支架，应按既有线路（铁路、公路）施工有关规定办理。

（4）支架混凝土筑注过程中，应布设测点进行变形观测，包括基础沉降、支架变形，并与计算值和预压值进行比较分析。

（5）在支架混凝土筑注过程中，应按支架设计工况的浇筑顺序进行浇筑，不得随意更改或调整。

（6）采用现浇支架法施工的混凝土结构，在混凝土未达到设计强度，预应力混凝土未完成预应力张拉以前，不得拆除支架或支架任何构件。

三、顶推梁施工安全防护

（1）预应力混凝土采用顶推法施工时，应编制相应的安全技术方案、措施和应急预案。

（2）顶推施工所用的机具设备、材料（如张拉锚具、工具锚、连接件、油压千斤顶、高压油泵、油管、压力表及滑动装置等）在使用前，应全面检查，并经试验或鉴定。

（3）墩顶应设置工作平台、栏杆、梯子、人行走道等防护设施，并应验算其在偏压情况下的结构安全性。

（4）墩顶应设有导向装置和调整千斤顶，梁体在顶推过程中不得产生偏移。顶推引起的墩顶位移值，不得超过允许的位移值。

（5）当线路下坡坡度大于 1.5% 时，顶推时要增设制动装置。

（6）单点顶推、多点顶推、集中顶推时动力应统一控制，达到同步。

（7）采用多点顶推时，主顶和助顶的顶推力应保持恒定不变。保险千斤顶不得产生偏移和倾斜。

（8）在顶推梁体时，应及时对导梁、桥墩、临时墩、滑道、梁体位置等进行观测。当出现下列现象时应暂停顶推：

①梁段偏离较大。

②导梁杆件变形、螺栓松动，导梁与梁体连接有松动和变形。

③未压浆的预应力筋锚具松动。

④牵引拉杆变形。

⑤桥墩（临时墩）变形超过计算值。

⑥滑道有移动。

（9）落梁时应符合下列规定：

①拆除临时预应力筋，按照设计文件规定的顺序张拉后期预应力筋。

②拆除墩台上的滑动装置和落梁时，应按照设计规定的顺序进行，同一墩台的千斤顶应同步运行。顶落梁时，应有保险设施。

③落梁完毕，当拆除千斤顶及其他设备时，应事先用绳拴

好，用吊机吊出，在起吊时应避免撞击梁体。

（10）在六级以上大风、暴雨、大雪、大雾、雷电等恶劣天气下，禁止进行顶推作业。

四、悬浇、悬拼梁施工安全防护

（一）悬浇梁施工

（1）当预应力连续梁（刚构）悬臂灌注采用各型挂篮施工时，结构系统强度、刚度和稳定性必须符合设计要求，其稳定安全系数不得小于2.0。

（2）挂篮制造完成后应进行检查验收，提交出厂合格证及原材料检验报告、无损探伤等资料。

（3）施工前，应根据挂篮的型式制定相应的安全技术方案、措施和应急预案。

（4）吊带或吊杆的锚固应牢固可靠。采取销轴锚固时，应安装插口销，采取螺母锚固时，应安装双螺母。吊带、吊杆不宜采用精轧螺纹钢，以避免因电焊电弧或弯折损伤吊杆，造成安全隐患。

（5）悬臂拼装应按组拼程序平衡、对称进行。其平衡总重量不得超过设计允许值，挂篮组拼后，应做静载实验。

（6）底篮部分整体提升安装时，各吊点应保持同步，受力相同，确保均匀平稳提升。底篮提升吊点布置应考虑结构受力和变形的要求，必要时应设置分配梁进行应力分配。

（7）挂篮主精架拼装时，应首先安装支点并临时固定，然后安装底平台框架，使挂篮在平面上形成稳定的结构，最后再垂直拼装三脚架或支架。垂直拼装时，应设置临时支撑或缆风，横联应尽快安装，确保挂篮在拼装过程中的稳定安全。

（8）挂篮主精架半悬臂安装时，底平台安装后应及时安装中支承和后锚，经检查无误后方可提升底篮。

（9）走行滑道安装应确保平整、顺直，两滑道间距满足设计要求，且滑道与已浇梁段应锚固，滑道底与梁段面抄垫密贴，滑板座安装位置正确。

（10）挂篮走行前，应检查各支点是否已经完全脱空，前方是否有障碍物，底篮是否与挂篮脱离（分别走行），底篮模板是否与已浇梁段脱离（同时走行），各类吊点、锚固点是否已经松开，滑道是否顺直，滑道下是否抄垫密实，锚固是否安装牢固。挂篮走行时，应匀速且左右同步，行走速度不应大于 0.1m/min，限位器应设置牢固。

（11）挂篮使用过程中要对挂篮的锚固系统使用的精轧螺纹钢筋、螺栓等进行保护，防止电弧灼伤、撞击破坏。各种吊杆、吊带等吊挂系统必须进行经常性检查，不得使用有损伤变形的吊挂构件。

（12）挂篮使用时必须使挂篮在其允许的荷载下工作，重物堆放时要保证两侧挂篮不偏载，在挂篮钢筋、混凝土施工时要注意施工顺序且始终维持两侧挂篮基本平衡。

（13）挂篮四周应设置防护栏杆，挂设安全网，进出施工区域必须有安全通道。冬季施工应及时对进入挂篮施工作业区的各种通道及挂篮上的积雪进行清除，避免挂篮由于冰雪堆积造成超载。

（14）当挂篮处于四周空旷或构筑物的最高点时，要在挂篮顶设置防雷接地装置，将电流直接引入地下，不能使电流通过挂篮构件。

（15）挂篮施工应有安全通道及安装、张拉、压浆等工作平台，平台四周需要设置防护栏杆，四周及底部挂设安全网。

（16）挂篮的锚固系统、吊挂系统及走行系统在每次使用前后，都应进行全面检查，对有问题的构件要及时更换或维修。

（17）浇筑混凝土时两侧及横桥向均应对称均匀布料，偏载不得超过设计要求。

（18）挂篮使用中应制定"挂篮走行检查签证"制度。每次挂篮走行前必须对挂篮进行全面检查，经检查合格签字确认后方可进行挂篮走行操作。

（19）挂篮使用中应制定"挂篮浇筑混凝土前检查签证"制度。混凝土浇筑前应再次对挂篮悬挂和锚固结构进行复查，同时对模板系统、预应力系统、钢筋系统进行检查验收，合格并签证后方可浇筑混凝土。

（二）节段梁施工

1. 吊架施工

（1）吊架拼装应编制安全技术方案，并严格按照有关安全规定执行，吊架拼装完成后，应经检查验收，并按规定进行荷载试验。

（2）悬拼吊架走行时的抗倾覆稳定安全系数不应小于1.5。

吊架走行过孔时起重小车应置于吊架后端，下坡走行应设置防溜保险绳。

（3）吊架走行应同步、等距，其允许差值不得大于30cm。走行时，滑道上应设限位器。

（4）起吊梁段前应检查吊架锚固是否牢靠、吊点是否正确，联结是否完好，限位是否灵便，各支点是否牢靠。同一 T 构上的两端节段吊架应同时对称悬拼。

（5）悬拼吊架起吊梁体节段时，梁体应保持平衡。当起吊梁段走行至拼装位置时，吊机尾部应用锚杆锚固。节段安装稳固后，方可拆除临时锚固或临时支架。

（6）拆装吊具、安装吊挂、涂刷胶结材料、预应力作业时应设置专用吊篮脚手，专用吊篮应满足有关安全规定。

2.造桥机施工

（1）造桥机拼装应编制安全技术方案，并严格按照有关安全规定执行，造桥机拼装完成后，应经检查验收，并按规定进行荷载试验。

（2）拼装造桥机需要在跨中设置临时支墩时，支墩及基础应通过设计计算，临时支墩应牢固，无沉降，并确保其稳定性。

（3）墩顶应按施工要求设置施工平台、围栏等安全设施，其安全设施应满足有关规定和要求。

（4）造桥机底盘拼装好后，应立即与墩身锁定，确保稳定安全。

（5）造桥机拼装完成后，应进行检查，并先试运转和试吊。试吊时，应做好应力测试，合格后方可使用。

（6）移动小车、起重小车、电动或液压卷扬机、造桥机走行系统的限位和制动装置，应安全可靠。

（7）造桥机下一定区域内（包括抛物发散地），应设置高围栏和密目网，严禁人员出入，并派专人管理，水上应设置禁航标志，并派船只管理指引。

（8）挂梁用的吊杆若采用精轧螺纹钢筋，应有防电弧灼伤的措施，并在挂梁作业时禁止焊接作业。

（9）起吊时速度要均匀，在梁顶过梁时，起吊梁段超过已装梁面高度应根据造桥机实际净空计算确定，且梁面不得有障碍物。

（10）造桥机过孔前，造桥机和梁底之间的泊顶必须全部松开，造桥机和墩顶的约束必须全部解除，起重天车吊具起升至安全高度，天车龙门走行轮上止轮器栓紧，解除所有联系，检查墩顶支点、液压千斤顶、滑道、滑槽。

（11）牵引时两侧泊顶应同时对称张拉，保证两侧同步前移。造桥机到位后，应及时安装墩顶连接和约束。

五、钢梁施工安全防护

（一）一般要求

1. 安全设施

（1）钢梁架设作业面均应按要求搭设临时工作平台、施工脚手、通道和上下步梯，平台四周力口设栏杆和安全网，通道下部应设立踢脚板，护栏侧面、通道底部应按要求设置安全网。

（2）在墩顶、钢梁面等高处作业时，墩顶周边及钢梁杆件顶面应按要求设置栏杆、上下爬梯等防护设施，并按要求挂设防护安全网。

（3）钢梁上下弦应设置横、纵向人行通道，并设置栏杆和踢脚板，护栏高度不得低于1.2m，所有安全设施应定期进行检查，发现不合格或损坏应立即予以更换。

（4）参加高处作业的人员，架梁前必须进行身体检查，凡不合格者不得参加架梁作业。非架梁人员不得进入架梁作业区。

2. 钢梁存放及运输

（1）钢梁杆件采取装船水运时，应采取防滑移、防变形措施，严格堆码层数，每层间按要求支垫，支垫物不得损伤杆件油漆面或喷铝面。杆件棱角应设置护木。

（2）钢梁杆件装船时严禁超载、偏载，必要时应加配重、调整平衡，卸船时应均匀分层卸运。

（3）钢梁上、下弦杆及桥面板采用运输平车运输时，运输线路要求平整、安全可靠。运输过程中，大节点竖直向上或向下，不得平放。部分超宽、超长杆件应按规定设置超限标记、信号，确保钢梁运输车辆的安全运行。

（4）运梁平车上应安装专用支架，并捆扎牢靠，防止钢梁杆件在运输过程中的变形及滑移。

（5）桥上轨道运输钢梁杆件时，运梁轨道前端应设止轮器，运梁速度要求不大于5km/h。

3. 钢梁预拼

（1）钢梁预拼存放场内运输线路应布局合理，安全标志设置完备，钢梁杆件应分类存放，并按安装顺序排列，其支点和高度应按规定办理，横梁、纵梁多片排列存放时，应用角钢、螺栓彼此连接牢固，并设支撑。

（2）弦杆、竖杆、斜杆、平联、横联、桥面板等预拼台座基础应有足够的承载力，台面平整、坚实。组拼时，台座不得产生下沉和偏斜。

（3）杆件起吊时应确认起吊杆件的重量和重心位置，必须捆绑牢靠。吊具的夹角不得大于60°，并且应拴上溜绳。起吊杆件的吊具与杆件拐角接触处，应用橡胶垫好。

（4）钢梁预拼对孔时应用冲钉和拼装撬棍的尖端探孔，严禁用手指伸进孔眼内检查。平面拼装孔眼应用安全冲钉，防止冲钉坠落伤人。预拼击打冲钉时，应防止冲钉或铁屑飞出伤人。锤击冲钉正对面严禁站人。

（5）预拼场内龙门吊机起重作业必须设专人指挥，且吊机的线路必须符合设计要求。吊机使用前，必须按规定试吊，严禁超重。

（6）被吊物体必须捆扎牢固。起吊点必须符合规定要求，起吊时要平稳垂直起吊，禁止用起重机斜拉、拖拽物体，起吊物下禁止站人，禁止起吊物长时间停留在空中。

4. 钢梁架设

（1）钢梁吊装。①钢梁杆件吊装前应严格按照要求对起重机械安全性能、吊重、吊高限位装置等进行联合检查并签证。②对起重吊具、卡环、钢丝绳等进行严格检查，必要时应进行探伤检测，确保安全。③钢梁吊装作业中应严格执行"十不准"

规定，防止发生起重伤害事故。④起吊杆件时吊具与杆件棱角的接触处应用胶皮垫好。⑤钢梁杆件单件吊装、整体节段吊装时，应明确杆件重量、重心位置，确定好吊点位置，选用与杆件重量相匹配的吊具、钢丝绳进行吊装。对单件重量较大的杆件，起吊前先试离地面10~20cm，观察起重机械的安全状态，确定无误后，方可吊装。

（2）冲钉、高栓作业。①钢梁杆件拼装击打冲钉、高栓施拧作业点时，应搭设好施工平台，平台应满铺脚手板，不得留有空挡，周边应设置防护栏杆，并按要求挂设安全网。施工人员必须系好安全带。②拼装脚手架结构必须牢固，连接螺栓必须拧紧，脚手板应采用合格材料，其厚度不得小于50mm，跨度不得超过2m，并不得使用腐朽木料，脚手板必须钉牢，不得有缝隙和探头板，板边缘应有100mm高的挡板，并装设栏杆。脚手架应与钢梁节点杆件固定良好，防止滑动。③双层作业时应采用安全防护措施，击打冲钉时不要用力过猛，严禁用大锤猛击单个冲钉过孔，且对面不准站人，以防止冲钉飞出伤人。④运输螺栓冲钉及脚手架的平车不准溜放，必须有专人看管刹车，并注意避让运梁车辆。⑤扳手、冲钉、螺栓等物件应用工具袋装好，严禁上抛下掷，多余料具要及时清理干净，留用的要堆放在安全可靠的位置，安装时避免螺栓和冲钉坠落砸伤钢梁或施工人员。⑥脚手架拆除时，严禁将架杆、扣件等向下抛掷。

5.钢梁焊接、涂装作业

（1）钢梁现场焊接时，应保证电焊机接地良好，作业人员应戴防护手套，穿防护服。

（2）现场焊接或切割作业使用的氧气、乙炔、丙烷气瓶应按要求放置规范，严格控制氧气、乙炔使用距离。气瓶吊装时应采用吊篮，严禁顺桥面随意滚动。

（3）油漆库房应注意隔绝火源，干燥通风，环境湿度适宜，备有足够的消防设备，并挂设"严禁烟火"标牌。

（4）库房内不准调配油漆，配漆房与库房应保持一定距离，油漆筒每次使用后，进库前必须将桶盖拧紧，用完后应放在指定地点，且定期清理，以免自燃，引起火灾。

（5）喷涂人员必须戴好口罩、手套及披风帽等防护用品。喷砂除锈的工作场地附近应安装防护设施和"禁止通行"的警示牌。进行喷砂除锈作业时，操作人员应站在上风方向。

（二）膺架法钢梁架设

（1）钢梁采用膺架法架设时，膺架不得有沉陷、变形，连接应牢固，垂直度应满足要求。膺架安装完毕后，必须经过检查验收后方能使用。

（2）支架临时支墩顶部应安装施工平台、栏杆、上下步梯等防护设施。临边作业遵循高挂低用原则，系好安全带。

（3）水中临时墩、墩旁托架应设置防撞设施，托架底部钢管桩基础周边应设置禁航警示标识，夜间施工应在墩顶四周设置安全警示灯。

（4）钢梁架设过程中应及时观测膺架沉降情况及结构变形情况，发现沉降，应及时通过墩顶起顶设施予以调整，确保钢梁架设线形要求。沉降过大时，应停止钢梁架设，查明原因，处理后方可恢复架设。

(三）悬臂法钢梁架设

（1）在通航桥孔进行悬臂拼装时，应事先同港监部门协商，办理封锁航道、设置航标等事宜，并发出公告。在架梁施工过程中，水上应配备救生船和救生设备。救生船应停靠在适当地点，船上人员不得擅离岗位。

（2）在悬臂孔和通航孔的下面必须挂设串联安全网，其每侧宽度应超出钢梁两侧外端不小于4m。

（3）在引桥和路基上拼装平衡梁时，应保持平衡和稳定，其平衡梁的抗倾覆系数应大于1.30。

（4）平衡梁需压重时，重量应准确，支点应牢固，压重应对称平稳安装。若采用浮箱注水压重时，浮箱不应漏水，以防压重不足使钢梁失去稳定。压重设施应派专人观测。

（5）在移动吊机前，必须检查吊机的制动设备是否良好，前方走道是否铺设完毕，吊机定位的钢梁节间是否已闭合，各节点上的冲钉螺栓是否上足拧紧等，经确认符合要求后方可移动。

（6）吊机移动时，后方应设置防滑溜绳，并应有专人照看电缆。移动完毕后，立即收紧。停机位置的轨道上应安好止轮器。吊机到位后，应前支后锚，经专人检查合格后，方可使用。

（7）停止架梁作业时，应将吊钩升至最高位置，或将吊钩挂牢，关闭总电源。

（8）采用水上吊船进行架梁作业时，应注意因风浪等引起船舶的颠簸。吊船在移位时，不得将重物吊悬在空中，不得边移位边工作。吊船应停靠在桥中线的下游一侧，必须有可靠的锚锭设备，并应有防止漂流物碰撞的防护设施。

（9）大跨度钢梁全悬臂拼装，当接近前方桥墩，悬臂端出现较大振荡时，应安设消振装置，防止发生共振。

（10）钢梁上弦平面应铺设安全走道，其宽度不得小于1.5m，纵横向人行道均应设置栏杆和踢脚板。桥上临时运梁轨道中间，应密铺脚手板。轨道两侧各加1.2m宽人行道或临时避车台。

（11）杆件对孔时，起吊指挥及对孔人员应互相配合，操作准确。当主桁冲钉螺栓上足50%，其他杆件上足30%时，吊机方可松钩。

（12）吊索架起顶时，应按规定的程序进行。起顶过程中，两桁应进行监控。张拉后的吊索不得碰撞。

（13）吊索架行走就位时，应保持梁上吊机行走前后吊索的曲度一致，使吊索设备平衡向前移动。行走过程中，应随时调整锚梁小车至吊索架的距离。行走系统应安设制动装置。

（14）墩顶布置中的各层钢垫块、千斤顶、钢垫板、钢垫梁及工钢组之间均应加垫3mm厚的石棉板，以防止打滑。

（15）墩顶周边设施多、施工面窄，应在墩顶周边按要求设置护栏、布置好走道及上下步梯。墩顶顶梁用千斤顶、油泵、油管接头等连接牢靠，防止漏泊。

（16）纵横移应使用同类型的千斤顶，且应并联，在操作过程中，主桁千斤顶要保持同步。

（17）千斤顶顶推作业时，人员应站立在千斤顶两侧，严禁站在千斤顶工作的正前方及高压油管接头部位，防止人员受伤。

千斤顶工作中泄漏的油污，应及时清理，以防人员滑倒。

（18）体系转换调整支点受力时，并联的油压千斤顶应支垫平稳。在起卸顶时，应对称、平衡起落。

（19）顶落架所用的油压千斤顶均需要附有球形支承垫、保险圈、升程限孔。共同作用的多台千斤顶应选用同一类型，并用油管并联，油压千斤顶、油泵、油管、压力表等在使用前均应进行试验和鉴定。

（20）顶落梁时，应有保险设施，随着活塞起落及时安放或撤除，拼梁与顶落梁两道工序不应同时进行。施顶或纵横移时，应缓慢平稳。

（21）顶落梁时必须设置保险支座。千斤顶安放在墩顶及梁底的位置均应严格按设计规定安放，并不得随意更改。

（22）钢梁合龙处应搭设合龙施工平台、脚手架、防护栏杆、上下步梯，钢梁合龙杆件底部及相邻杆件周边应按要求挂设安全网，进行垂直双层作业时应设置隔离棚、安全防护通道。

第六章　公路隧道施工安全技术

第一节　隧道安全监理实施

一、安全监理保证体系

（一）安全管理组织机构

项目监理部成立安全生产领导小组，项目总监为组长，隧道专监为副组长，总监办其他监理人员为组员，负责隧道安全检查和日常工作。

（二）安全管理保证体系

建立强有力的安全管理保证体系，既注重安全思想宣传教育和安全技能培训，又注重日常安全生产工作的检查、落实。

项目监理部由安全领导小组牵头，经常对参与施工人员进行安全和专业技术教育，强化安全意识，增强预防能力。

安全领导小组组长定期主持召开施工安全例会，分析安全情况，总结评比前期情况，预想后期施工安全隐患并拟定解决方案；安全领导小组定期组织检查，安检人员不定期检查，检查过程中安全质量监督人员一旦发现违章作业、安全措施不落实、质量不合格及施工隐患，应责令施工队立即纠正。

二、安全管理制度

(一) 安全责任制

实行岗位责任制，把安全生产纳入竞争机制，纳入承包内容，督促逐级签订包保责任状。明确分工，责任到人，做到齐抓共管，抓管理、抓制度、抓队伍素质，盯住现场，跟班作业，抓住关键，超前预防。

(二) 安全教育培训制度

项目监理部督促施工单位开工前必须进行岗前培训，对安全基本知识和技能、遵章守纪和标准化作业进行教育，并认真学习相关工程施工技术安全规则及施工安全标准，经考试合格后持证上岗。

施工中监理部必须定期组织职工学习安全知识，进行安全教育，在思想上消灭安全隐患。

施工中监理人员应经常检查工地，对现场施工人员进行安全讲解，制止违章施工。

(三) 安全事故申报和奖惩制度

发生事故，要按照"三不放过"的原则进行联合调查，认真分析，查找原因，对事故责任者进行严肃处理，追究其经济、行政、法律责任。

对保证施工安全作出贡献的单位、人员，要给予表彰和奖励。对造成安全事故的人员和单位要进行相应的处罚。

(四) 安全交底制

安全交底工作是确保安全施工的一项重要工作内容，交底采用书面安全交底和现场安全交底相结合的方式。监理部应列出重点安全监控项目及要点，制定详细的施工安全规划。

施工前，安全监理工程师应根据施工方案结合现场制定切实可行的安全措施，并下发到施工队。

实行项目安全工程师给施工队交底，施工队安全员给领工员、工班长、施工人员进行二次交底的二级负责制。

(五) 安全检查制

在施工过程中加强安全检查，及时发现安全隐患，提出安全整改意见和措施，并督促落实，确保施工安全，制定并上墙《安全检查流程图》。

督促班组安全员、防护员将每月施工现场安全情况总结汇报给队安全员，安全员整理后汇报给项目安全监理工程师。

项目安全监理工程师和隧道安全员每周进行一次安全检查、评价，查找问题，杜绝事故。

三、保证施工安全、人身安全措施

（一）施工安全保证措施

编制工程的安全技术措施和施工现场临时用电方案，并对危险性较大的分部分项工程编制专项施工方案，同时附上安全验算结果，经总监理工程师签字后实施，由专职安全生产管理人员进行现场监督。对于合同中涉及的地下暗挖工程等专项施工方案，组织专家进行论证和审查。

在动力设备、输电线路、地下管道、密封防震车间、易燃易爆地段等施工时，在施工前应制定出安全防护措施方案，经总监认可后实施。

爆破器材的运输和保管应符合当地公安部门的有关规定，并接受当地公安部门定期或不定期的安全检查。

（二）爆破作业施工安全措施

对于所有参加爆破的作业人员，必须依照《爆破安全操作规程》的有关规定进行培训经考核合格后方允许从事作业。

加强爆破器材的运输、入库存发放管理，定期进行账务核对，严禁爆破器材的流失。

爆破器材的专用加工位置要按有关规定慎重选择，存储量严格控制，不可超过当班用量，同时设有通信设备、报警装置和防火、防雷设施，确保安全。

爆破器材的加工和使用应严格按有关安全操作规程实施，

确保加工及使用过程的安全。

爆破作业要统一指挥，设立警戒线，及时撤离机械和人员，加强爆破后的安全检查，由爆破人员负责盲炮的处理，避免事故；严格按爆破设计装药连线并检查，消除不安全因素。

(三)临时用电及照明安全措施

要经常对电线、电气设备进行检查维修，严防漏电、短路等事故的发生；非专职电气人员，不得操作电气设备；操作高压电气主回路时，必须戴绝缘手套，穿绝缘鞋，并站在绝缘板上；低压电气设备应加装触电、漏电保护器；电气设备外露的转动和传动部分，必须加装遮拦式防护装置；检修、搬迁电气设备时，应切断电源，并悬挂"有人工作，不准送电"的警示牌；带电作业时，必须制定安全措施，在专职安全员的监护下进行，此外还需使用绝缘可靠的保护工具；对机器和设备进行检查维修时，如指定进行电器绝缘，首先检查被绝缘的装置有无电压，然后短路接地，同时绝缘邻近带电的部件；带电作业时，应启动应急停电装置或启动主断路器，并在作业区设置安全警告标志；在高压元件上作业时，必须绝缘后将输电线接地，将元件短路。

(四)机械车辆作业施工安全措施

操作人员必须持证上岗，严禁将机械交给无证人员和不熟悉机械设备性能的人员操作。

施工作业前，操作人员必须认真听取施工技术人员的现场交底及有关安全注意事项，并对机械做详细检查，作业中集中精力，不得擅自离开工作岗位。

　　施工运输车辆应建立定期检修和保养制度，使车辆保持在良好状态，车辆驾驶员必须熟悉所驾车辆性能、保养程序及操作方法。使用挖掘机、装载机装料时，汽车就位后应拉紧手刹，关好车门，严禁超载。凡带升降翻斗的运输（自卸）车，严禁翻斗升起运行或边起边落以及在行驶时操作车箱举升装置。

　　（五）防水与防火安全保证措施

　　1. 洞内防水措施

　　督促施工单位配备足够的抽水设备，保证能够及时抽排洞内涌水。在断层富水地段，首先超前探孔，预测涌水量情况，必要时采用帷幕注浆止水，遵循"以堵为主，限量排放"原则。

　　2. 防汛措施

　　加强与气象部门、水文部门的联系，及时掌握雨情水情，按当地政府和建设方的防汛要求，组织好防汛队伍，备足防汛物资和器材，安排专人24小时防汛值班，确保通信联络畅通。

　　施工中注意保护好防汛设施，不损坏沿线排水系统，不因施工而削弱河流、堤坝的抗汛能力，不因施工引起雨水冲刷路基或引起既有排水设施的淤塞，并注意疏通河道沟渠，确保水流畅通。

　　3. 防火措施

　　严格执行《消防法》中的有关要求，在库房及临时房屋集中的地方，配备各种消防器材并定期检查。加强对职工的防火教育，建立严格的防火管理制度，在施工现场设立防火警示牌，并设专人巡查监督。

(六) 隧洞施工的安全保证措施

1. 掘进作业安全措施

加强隧洞的综合地质预报，及早修建洞门和洞口排水设施，确保洞口段的稳定。软弱围岩段遵循短开挖、弱爆破、快支护、勤量测、早衬砌的原则。加强监控量测，密切注意支护和围岩变化情况，及时反馈围岩变形信息，做好变形预报，一旦情况异常，立即采取措施，防止坍塌。

2. 洞内爆破作业安全措施

爆破采用导爆管非电毫秒延期雷管分段引爆，起爆药包的装配在洞口 50m 以外的加工房进行，并由爆破工送进洞。

进行爆破时所有人员均撤至不受有害气体、振动及飞石伤害的地点。

每日放炮的时间、次数根据施工条件有明确规定，放炮的信号统一，并让隧道作业人员都清楚。

爆破后必须经过通风排烟后，才准许检查人员进入工作面，经检查和妥善处理后，其他工作人员才准许进入工作面。

3. 喷锚作业的安全措施

喷混凝土时，禁止施工人员站在料管接头附近，特别是输料管前端，严禁将喷嘴对准施工人员。

接触速凝剂时必须戴橡胶手套，当喷头被堵，疏通管路时防止管中有压混凝土喷出伤人；若喷混凝土中的外加剂液不慎溅到皮肤上，要及时用水冲洗，严重时送医院治疗。

采用混凝土喷射机器人具有检测和自动排除堵泵功能，可大大提高喷锚作业的安全性。

4. 通风与除尘的安全措施

通风系统应有足够的能力保证隧洞开挖过程中的空气流速及提供给每人每分钟 $4m^3$ 的新鲜空气，并防止施工环境温度过高。

洞内通风系统设有专职人员管理，风机管路吊挂牢固，漏风处及时修补，保证通风效果良好。

做好以下防尘措施；一是密封尘源，使粉尘与操作人员隔离；二是喷雾洒水；三是搞好个人防护，如佩戴防尘口罩等。

5. 出渣运输安全措施

装渣过程中，卸渣机的转动漏斗要调整好位置，防止岩渣掉落车外伤人。车辆进出隧洞时要亮灯和不断鸣笛，保证刹车良好。

6. 地质灾害防治安全措施

隧道在通过断层破碎带时，因隧道埋深大、地应力较高，岩层结构相对疏松、自身强度低、自稳能力差、抵抗外力破坏的性能差等因素，施工时容易发生坍塌等围岩失稳现象。为防止围岩失稳，可采取 TSP—203 地震波法和超前钻孔的超前预测预报手段和使用超前小导管注浆加固、弱爆破、短进尺、强支护、仰拱超前、尽早衬砌的方法，确保施工安全。

隧道在通过各断层破碎带时，由于构造裂隙发育，地下水循环较快，施工中可能会产生突然涌水现象；在通过断层泥砾带、含泥质地层时可能会产生突然涌泥现象。为此，除在施工中加强超前地质预报外，在临近可能产生突然涌水、涌泥现象的地段，首先超前钻 15～20m 探水孔，如发现富水就在开挖面适当位置加钻 3～5 个深 5～6m 的孔，提前放水减压，或采用帷幕注浆止水，并加强支护。

7. 人员安全保证措施

开工前对职工进行岗前培训，进行安全基本知识和技能教育，进行遵章守纪和标准化作业的教育，经考试合格后持证上岗。

对施工地段建立日常巡查制度，对重点施工地段实施安全员跟班监督制度，并接受安全监理人员的监督检查。

根据季节变化，夏季配齐防暑降温用品，抓好食品卫生，注意劳逸结合；冬季配齐保暖设施，备足取暖的材料和室外劳保用品，并注意防止煤气中毒，做好后勤医疗保障工作；针对驻地情况进行流行性疾病的防治工作。

第二节　隧道施工安全风险管理

一、隧道工程风险管理的定义

在隧道工程中，风险是指事故发生的可能性及其损失的组合。事故，是指可能造成人员伤亡、伤害、职业病、设备或财产损失、环境影响、经济损失等的不利事件。损失，是指工程建设中任何潜在的或外在的负面影响或不利的后果，包括人员伤亡、财产损失、环境影响、社会影响等。

隧道工程风险管理是指工程建设参与各方通过风险计划、

风险识别、风险估计、风险评价、风险处理及风险监控等，优化组合各种风险管理技术，对工程实施有效的风险控制和妥善的跟踪处理，以减少风险的影响，达到以较低合理的成本获得最大安全保障的管理行为。

二、隧道工程施工安全风险发生机理

隧道工程与其他工程相比具有隐蔽性、施工复杂性、地层条件和周围环境的不确定性的突出特点，从而加大了施工技术的难度和建设的风险性。隧道工程的风险因素包括地质条件和工程建设周边环境的复杂性导致的自然风险和环境风险，建设中的机械设备、技术人员和技术方案的复杂性引起的施工风险，工程决策、管理和组织方案的复杂性引起的管理风险等。隧道工程施工安全风险发生的机理是某种或多种致险因子通过孕险环境作用于特定的承险体而产生风险事故。

三、隧道工程施工安全风险管理基本流程

隧道工程施工安全风险管理内容及过程主要包括：风险计划、风险识别、风险估计、风险评价及风险控制五个方面，其技术部分也可以归纳为风险分析、风险评估及风险控制三大阶段。隧道工程施工因内外环境、目标变化及实施过程中不断受到不确定因素的影响，所以隧道施工风险管理应是实时、连续、动态的过程。

四、常用的隧道施工安全风险评估研究方法

目前，常用的隧道施工安全风险评估研究方法有：核对表

法、专家调查法、情景分析法、层次分析法、模糊综合评价法、风险指数矩阵法。接下来就对上述几种研究方法作简单介绍。

（一）核对表法

核对表法，是一种常用和有效的风险识别方法，它主要是用核对表来作为风险识别的工具，实质上就是把经历过的风险事件及其来源罗列出来，写成一张核对表。该方法利用人们考虑问题的联想习惯，在过去经验的启示下，对未来可能发生的风险因素进行预测。该方法的优点在于使风险识别工作变得较为简单，容易掌握；缺点是没有揭示出风险来源之间的相互依赖关系，对指明重要风险的指导力度不够，且受制于某些项目的可比性，有时不够详尽，没有列入核对表上的风险容易发生遗漏，应设计出核对表典型样式。

（二）专家调查法

专家调查法即德尔斐法，是在专家个人判断和专家会议方法的基础上发展起来的一种直观预测方法，特别适用于客观资料或数据缺乏情况下的长期预测，或其他方法难以进行的技术预测。专家调查法或称专家评估法，是以专家作为索取信息的对象，依靠专家的知识和经验，由专家通过调查研究对问题作出判断、评估和预测的一种方法。专家调查的工作流程为：首先，通过对需求分析确定工作目标；在调查工作中，应注重专家评判基础、调查因子、专家组成等关键内容；对调查的信息与内容进行初步判定有效与否、反馈需求分析是否发生偏差、判断是否需要重新开展需求分析或调查工作。专家调查法是比较科学的，其主要特点是：有助于专家发表独立的见解，不受其他相关因素的干扰，用数学手段分析所有调查对象的成果，综合归纳成集体思维成果。此方法在工程技术研究领域得到了广泛的应用，尤其针对数据缺乏、新技术应用评估等工作，具有相当的优势，并且与其他调查方法配合使用，能取得更好的效果。

(三)情景分析法

情景分析法是由美国 S11ELL 公司的科研人员皮尔沃克（Pierr Wark）于 1972 年提出的。它是根据发展趋势的多样性，通过对系统内外相关问题的系统分析，设计出多种可能的未来前景，然后用类似于撰写电影剧本的手法，对系统发展态势作出自始至终的情景和画面的描述。当一个项目持续的时间较长时，往往要考虑各种技术、经济和社会因素的影响，可用情景分析法来预测和识别其关键风险因素及其影响程度。情景分析法对以下情况是特别有用的：提醒决策者注意某种措施或政策可能引起的风险或危机性、提醒人们注意某种技术的发展会给人们带来哪些风险。情景分析法是一种适用于对可变因素较多的项目进行风险预测和识别的系统技术，它在假定关键影响因素有可能发生的基础上，构造出多重情景，提出多种未来的可能结果，以便采取适当措施防患于未然。

(四)层次分析法

层次分析法是一种定性与定量相结合的决策分析方法，它是一种将决策者对复杂系统的决策思维过程模型化、数量化的过程。运用这种方法，决策者通过将复杂问题分解为若干层次和若干因素，在各因素之间进行简单的比较和计算，就可以得出不同方案重要性程度的权重。运用层次分析法主要是通过分析复杂问题所包含的因素及其相互关系，将问题分解为不同的要素，并将这些要素归并为不同的层次，从而形成多层次结构；在每一层次按某一规定准则对该层元素进行逐对比较后建立判断矩阵，通过计算判断矩阵的最大特征值及对应的正交化特征向量，得出该层要素对于准则的权重；在此基础上计算出各层次要素对于总体目标的组合权重，以得到不同要素或评价对象的优劣权重值，为决策和评价提供依据。层析分析法常常被运用于多目标、多准则、多要素、多层次的非结构化的复杂地理决策问题，特别是战略决策问题。层次分析法的优点是将人们的思维过程数学化、系统化，以便于接受，应用这种方法时所需定量信息较少，但要求决策者对决策问题的本质、包含的要素及相互之间逻辑关系掌握得十分透彻。

(五) 模糊综合评价法

模糊综合评价法是模糊数学中最基本的方法之一，该方法是以隶属度来描述模糊界限的。由于评价因素的复杂性、评价对象的层次性、评价标准中存在的模糊性、部分定性评价指标难以定量化等一系列问题，使得人们在描述客观现实时经常存在着"亦此亦被"的模糊现象，其描述也多用自然语言来表达如"优、良、中、差""很好、好、一般、差、很差"等，自然语言最大的特点是它的模糊性。而这种模糊性很难用经典数学模型加以统一度量。因此，建立在模糊集合基础上的模糊综合评判方法，从多个指标对被评价事物隶属等级状况进行综合评判，它把被评判事物的变化区间作出划分，一方面可以顾及对象的层次性，使得评价标准、影响因素的模糊性得以体现；另一方面在评价中也可以充分发挥人的经验，使评价结果更客观，符合实际情况。模糊综合评判可以做到定性和定量因素相结合，是系统评价最常用的方法，特别适用于多因素或多目标的系统。其优点是：数学模型简单，容易学习掌握，对多因素、多层次的复杂问题评判效果比较好，是别的数学分支和模型难以代替的方法。不足之处在于：在使用此方法之前，需要用其他方法确定评价指标的权重，因此通常和其他方法配合使用，运用比较复杂。

（六）风险指数矩阵法

风险指数矩阵法又称为 $R = P \times C$ 定级法，常用于定性的风险估算，该分析法是将决定危险事件的风险的两种因素，即危险事件的严重性和危险事件发生的可能性，按其特点相应地划分为不同等级，形成一种风险评价矩阵，并赋予一定的权值，以定性衡量风险的大小。该方法操作简单方便，能初步估算出危险事件的风险指数，并能进行风险分级。风险指数矩阵分析法的风险评估指数通常是由主观确定的，定性指标有时没有实际意义，风险等级的划分具有随意性，有时不便于风险的决策。该方法可能定性而不能定量评价，一般不单独使用，常和其他评价方法结合使用。

第三节　公路隧道施工安全管理技术应用

一、对公路隧道施工风险的认识

风险识别。风险识别就是明确目标，找出哪些因素可能会对项目产生损失。这是风险管理的基础，是风险评估和风险应对的前提。整个风险识别过程包括确定目标、明确最重要参与者、收集资料、风险形势估计、识别出潜在风险因素、编制风险识别报告。通过风险源识别，得出各种因素组成的集合，还可根据事件之间的支配关系，利用层次分析法划分所有因素的层次，形成有序的递阶层次结构。

风险评估。隧道施工风险评估由隧道施工风险估计和隧道施工风险评价两部分内容组成。隧道施工风险估计是对隧道施工各个阶段的风险事件发生的可能性的大小、可能出现的后果、可能发生的时间和影响范围的大小进行估计，为分析整个工程项目风险或某一类风险提供基础，并进一步为制订风险管理计划、风险评价、确定风险应对措施和实施风险监控提供依据；隧道施工风险评价是对隧道施工风险因素影响进行综合分析，并估算出各风险发生的概率及其可能导致的损失大小，从而找到该项目的关键风险，确定项目的整体风险水平，为如何处置这些风险提供科学依据，以保障项目的顺利进行。

风险应对。它是在隧道施工风险发生时实施风险管理计划中预定的措施。风险应对措施一般包括两类：一类是在风险发生前，针对风险因素采取控制措施，以消除或减轻风险，具体措施包括风险规避、缓解、分散等；另一类是在风险发生前，通过财务安排来减轻风险对项目目标实现程度的影响。具体措施包括风险自留、转移和保险等。

风险监控。风险监控从过程角度来看，处于隧道施工风险管理流程的末端，但这并不意味着项目风险控制的领域仅此而已，风险控制应该面向风险管理全过程。同时，风险监控也应是一个连续的过程，它的任务是根据整个项目风险管理过程规定的衡量标准，全面跟踪并评价风险处理活动的执行情况。

二、隧道作业开挖安全技术措施

（一）开挖施工方法

在隧道施工中，为确保工程质量、工期和施工安全，经多次论证，可以采用三台阶七步平行流水作业开挖法施工。三台阶七步开挖法就是在隧道开挖过程中，在三个台阶上分七个开挖面，以前后七个不同的位置相互错开分步平行开挖，分步平行施作拱墙初期支护，仰拱超前施作及时闭合成环，形成支护体系，逐步进尺的作业方法。三台阶七步开挖法的初期支护由喷射混凝土、锚杆（管）、钢筋网和钢架等组成，各部分联合受力。初期支护应在开挖后立即施作，以保护围岩的自然承载力，其施工工艺流程为：开挖→清理岩面→初喷混凝土封闭岩面→施作系统锚杆→挂钢筋网→安装钢架→复喷混凝土至设计厚度→量测数据分析、反馈。

（二）施工步骤

上部弧形导坑开挖。在拱部超前支护后进行，环向开挖上部弧形导坑，预留核心土，核心土长度宜为 3 ~ 5m，宽度宜为隧道开挖宽度的 1/3 ~ 1/2。

左右侧台阶开挖。

隧底开挖。每循环开挖进尺长度宜为 2 ~ 3m，开挖后及时施作仰拱初期支护，完成两个隧底开挖、支护。

施工中应注意完善洞内临时防排水系统，严禁积水浸泡拱墙脚及在施工现场漫流，防止基底承载力降低。当地层含水量大时，在上台阶开挖工作面附近开挖横向水沟，将水引至隧道中部或两侧排水沟排出洞外。

（三）施工监测

施工中加强监控量测工作，根据量测结果，按照"石变我变"的思路，及时调整支护参数，进行信息化施工管理。该开挖施工方法能有效控制稳定，支护参数合理。开挖宽度的 1/3 ~ 1/2。

三、隧道施工地质风险及预防风险技术应用

（一）塌方或崩塌

隧道开挖时，导致塌方的原因有多种，概括起来可归结为：自然因素，即地质状态、受力状态、地下水变化等；人为因素，

即不适当的设计，或不适当的施工作业方法等。技术措施：采用围岩"预加固"技术，即通过打超前管棚，预注浆加固围岩，提高围岩的性能指标。

（二）岩爆

岩爆是在高地应力条件下地下工程开挖过程中，硬脆性围岩因开挖卸荷导致洞壁应力重新分布，储存于岩体中的弹性应变能突然释放，因而产生爆裂松脱、剥落、弹射甚至抛掷现象的一种动力失稳地质灾害。技术措施：岩爆多发生在埋藏很深、整体干燥和地质坚硬的岩层中，当设计文件中有该类地质时，应提前防卫；岩爆多发生在新开挖工作面及其附近，以顶部或拱腰部位为多，这些地方是防范岩爆伤人的重点部位；超前释放孔，在掌子面自拱部至边墙打超前释放孔；超前周边预裂爆破松弛，采用松动爆破、超前钻孔预爆法，先期将岩层的原始应力释放一些，以减少岩爆发生的可能性或避免大的危险；岩面喷洒水湿润。

（三）涌水

涌水是隧道施工中仅次于塌方的最常见的地质灾害之一。造成突水突泥最为常见的不良地质是断层（断层裂隙水）、大型溶洞和暗河（岩溶水）、煤系地层中的采空区（老窑积水）和金属、非金属矿山老积水。技术措施：引排水，查明溶洞或暗河水源流向及其与隧道的位置关系，用涵洞、暗管、暗沟、泄水洞、开凿引水槽、铺砌排水沟等；堵水，溶洞或暗河的流水量不大，有其他出口或有分支，采用注浆堵水；隧道反坡排水，利用抽水机配以管道排水，分段设置固定泵站和集水井，固定泵站与开挖面之间设置临时移动泵站，用潜水泵抽水至固定泵站的集水井。

（四）岩溶

当隧道穿越可溶性的岩层时，则可能遇有岩溶。技术措施：①小型溶洞的处理：堵塞。位于隧道底部位置的小溶洞，采用换填片石、干砌片石、浆砌片石回填压实，或采用隧道底板梁通过。位于隧道边墙位置的小溶洞，采用浆砌片石封堵，加强混凝土衬砌封闭。拱部以上溶洞，视溶洞的岩石破碎程度，采用喷锚支护加固，加设护拱防护。②规模较大溶洞的处理：跨越。简支梁跨越；栈桥跨越；拱桥跨越；边墙拱跨越；整体浮放支托跨越；支顶加固；支承墙加固；支承柱加固；拱桥支顶加固；挖孔桩支顶加固。③岩溶隧道施工：岩溶隧道开挖同软弱围岩相似，管棚注浆综合预加固，微震爆破，强化初期支护。

第四节 信息化技术在隧道施工管理中的应用

一、信息化技术在隧道施工管理中应用的必要性和意义

（一）信息化技术在隧道施工管理中应用的必要性

隧道工程项目建设是我国发展道路交通基础设施建设的重

要组成部分，在当前信息化技术飞速发展的全新阶段，为有效提升隧道交通施工建设效率，增强隧道项目施工质量，应加强信息化技术在隧道施工管理中的应用。隧道施工项目具有涉及内容较多、工程总量相对较大、具体施工管理环节复杂等特点，这些都需要应用信息化技术进行辅助管理。与此同时，隧道工程施工项目容易出现各类施工安全隐患，从而对隧道建设项目的施工质量产生消极影响，最终对隧道施工参与单位的经济产生制约，严重影响施工单位的经济效益水平。通过借助现代信息化技术，隧道项目可以对施工阶段进行数据信息化的划分，确保项目在工期允许的范围内顺利进行，有利于施工单位的工期管理。同时，信息化技术在隧道施工管理中的高效应用，对隧道项目施工建设予以精准化的数据测算，不仅能够预先规避可能出现的安全问题，同时有利于提升隧道施工质量。

（二）信息化技术在隧道施工管理中应用的意义

当前，隧道工程主要的信息化应用是监测设备，增强地质勘测的效果，利用现代信息化技术设备对施工现场围岩开发及稳定性相关因素进行了解，了解施工现场基本信息，通过系统进行分析研究，确定有效的方案，为后期施工提供数据参考。同时，加强信息化技术的应用，可以利用一些监测设备实现对周围环境的密切监测，可以了解人员所处的环境安全性以及工程运行的状态。由此可知，信息化技术在隧道施工管理过程中具有实际意义。

二、信息化技术在隧道施工管理中的应用现状

(一) 缺乏对信息技术的认识

隧道工程施工过程中工作量比较大，需要大量施工人员，施工各环节对技术性要求比较高，但是就目前信息化技术在隧道工程管理中的应用情况来看，隧道工程的施工人员专业性比较低，其在日常施工中对信息技术的认识不足，隧道工程施工过程中管理人员对工程质量判定技能不足，这些都会导致信息化技术应用局限性比较大，不能充分发挥信息技术在隧道工程施工管理中的价值。

(二) 信息技术的资金投入比较少

现代社会正在向着全球化方向发展，每个行业都面临着国内外市场的竞争，隧道施工企业也面临着激烈的竞争环境。很多国家地区开展隧道工程建设都会选择中标价比较低的企业，这无形中导致了隧道工程施工行业的恶意竞标，同时加剧了施工企业的恶意竞争，企业在发展中面临恶劣的市场环境，竞争过程中降低了企业自身利润。由此可知，恶意竞标现象屡屡发生，导致很多企业为了投标成功会压低报价，企业利润减少就会导致相关建设资金降低，直接造成信息化技术方面资金不足，给实际应用带来困难。

三、信息化技术在隧道施工管理中应用的优化对策

(一) 定位系统的应用

信息化技术应用在隧道工程施工管理中利用定位系统功能可以准确定位施工人员的位置，利用现代技术通过互联网和计算机相互联合实现实时监控，了解施工人员的具体位置，方便管理人员及时了解隧道内的实际情况。在隧道工程施工过程中准确定位施工人员的位置，有效加强管理，可以避免出现施工安全事故。基于此，施工管理人员需要利用定位系统来了解施工人员的具体情况，并且在管理过程中及时对系统数据进行统计，利用现代互联网技术及时把数据结果传输到监控中心，方便领导人员对整个工程的布控，及时了解施工人员的数量及其具体分配，在整体上加强管理，有利于保证整体隧道工程的质量。在进行人事管理时，利用信息技术的定位系统及时了解工作人员的工作状态，通过设备监控提升工作人员的日常工作效率和质量。定位系统还具有数据存储功能，可以及时将考勤数据及定位信息录入系统，帮助管理人员及时调取信息。定位系统还具有网络共享功能，隧道工程范围内的局域网可以随时对定位信息系统进行访问，为管理部门和领导人员检查提供便利，而且可以及时调取历史信息。除此之外，一旦隧道出现安全事故，利用定位系统可以及时了解隧道内被困人员位置，通过系统及时获取反馈信息，进而快速开展救援，节约搜寻时间，保障施工人员生命安全。

（二）施工现场视频监控

引入视频监控，在隧道建设的全过程实施全面的监控，可实现对隧道工程建设全过程的管理，提升整体管理水平。利用视频监控设备可以实现对隧道工程的重点建设位置的施工监视，及时了解重点部位的建设问题，根据施工问题提出针对性措施并及时有效地解决。利用信息技术对监控中心设备下达命令，在人为操纵之后及时对现场进行录像，现场监控灵活度比较高，根据需要可以设定录像长短，每个施工画面可以存为一段录像，一旦隧道内出现安全事故可以及时取出之前的录像，重现事故现场，让人们在观看的过程中准确了解事故发生的原因，研究确定救援方案。在视频系统内部设定实现双向语言通信，基于系统内部的基本功能，在监控整体设备下发挥语音功能的作用，管理人员可以及时对现场施工人员下达命令和通知，在远程状态下保证通知第一时间到达，利用此项技术可以及时把隧道实际情况分析之后传达给现场人员，预防事故，在一定程度上减少事故对工人生命的威胁。实现隧道施工信息化管理，构建网络系统，充分发挥其作用，随时了解施工现场情况，通过视频和声音加强对施工现场的监管，有效保证施工人员安全。

系统内部主要包含以下几部分：①摄像监控。在施工现场进行摄像监控，配备相应的摄像设备，基础设备组装对现场实时录像，系统内部基于摄像结果及时进行电信号转换，实现多元化观察。②控制部分。隧道施工现场较多，工程量大需要大量的施工人员，导致现场监控录像量和信息系统内部处理量比较多，需要在计算机内部装上相关的控制系统，有效管理系统内部信息。③传输部分。传输部分不仅要保证视频传输还要保证控制信号的传输，对此部分需要考虑到传输线路的影响，加强隧道工程施工管理，需要对工程建设成本进行控制，避免传输线路设备成本增加导致整个工程成本增加，尽可能使用无线设备以减少成本，加强成本控制管理。④显示和记录。此部分主要是在监控中心，在控制室配备相关的显示器和处理设备。⑤网络连接。利用互联网技术保证实时录像和录像监控同时进行，进一步提升对信息数据的操控，利用设备远端控制增加便利性。

（三）有害气体监控系统

隧道工程与其他工程相比，施工现场的环境更为恶劣，施工人员经常会处于粉尘环境中，特别是隧道建于地下，很容易在施工中导致地下有毒气体泄漏，造成施工人员中毒甚至窒息死亡。利用信息技术加强隧道工程施工管理，可以加强对施工现场的有害气体检测。由于过去技术条件发展不足对有害气体的检测不系统，很容易造成检测误差，现在利用信息技术生产专业检测设备，有助于实现有害气体的精准化监测，了解隧道内的有害气体分布状态，通过设备自动检测可以把相关数据及时传输到控制中心，管理人员根据检测结果及时调整施工方案，避免有害气体对施工人员身体造成的伤害。

结束语

目前，我国的公路建设事业突飞猛进，但是在公路施工中的安全管理并没有实现同步发展，从而引发了一系列施工安全问题，损失严重。所以加强对公路建设的安全管理已经成为施工企业的当务之急。

首先，加强对相关制度的建立和完善。在公路施工中，安全管理是有效减少施工安全隐患的重要工作，同时可以帮助施工企业提高经济效益。在施工安全管理中只有各项制度不断建立和完善才能提升安全工作。同时还要加强对整个施工过程中所涵盖要素的选择以及观察和监督，才能有效控制公路施工，还可以对公路施工进行标准化管理，在很大程度上减少人员的误操作，保证公路施工的工期和质量。

其次，努力实现施工团队的专业化。在公路施工中，施工团队的专业性具有重要的作用，不仅可以保证公路施工的质量，同时可以有效提升公路施工的安全管理水平，保证安全管理工作的落地执行。在具体实践过程中，一要对参与人员进行严格的筛选，加强对所有人员的技能训练和考核，并根据工作性质和人员能力进行科学的匹配，这样才能保证人员能力的最大化发挥；二要加强对参与人员的专业化培训和教育，通过多样化的训练来提升参与人员的能力水平；三要加强对安全理念的培养和提升，只有从心理上接受的知识才能够发挥高效作用。保证参与人员整体素质的提升，才是保证公路施工安全的关键所在。

最后，要加大创新和改革。要以提高我国公路工程施工质量为根本目标，为施工技术的研发提供专项资金支持，引进更多专业化的、具有创新意识与创新能力的技术人员，为施工工程的顺利推进奠定坚实的基础。同时，技术管理工作人员也可以借助新技术检测施工设备、工具、仪器是否完好，这不仅能够有效规避由于工具缺损、设备无法运转导致工期延误等现象，还能切实提升公路工程的施工质量，促进公路工程又好又快、健康化、科学化、现代化目标的实现。

参考文献

[1] 李薇.公路隧道施工安全技术[M].昆明：云南科学技术出版社，2014.

[2] 文德云.公路施工安全技术[M].北京：人民交通出版社，2003.

[3] 张艳红.公路工程施工安全技术[M].北京：中国建材工业出版社，2014.

[4] 杨永敏，吴树东，周士杰.公路隧道工程施工安全技术与风险控制[M].北京：中国铁道出版社，2016.

[5] 倪宝书，寇凤岐，王春正.公路路基路面施工安全技术与风险控制[M].北京：中国铁道出版社，2016.

[6] 王志辉，王琨，王华杰.公路工程施工安全技术与风险评估[M].徐州：中国矿业大学出版社，2014.

[7] 王琨.公路水运工程施工安全技术[M].徐州：中国矿业大学出版社，2013.

[8] 贾学正，赵宝军，王强.现代公路工程施工与安全技术[M].哈尔滨：哈尔滨工业大学出版社，2019.

[9] 董明.公路施工安全与环境保护技术[M].北京：人民交通出版社，2018.

[10]艾芃杉，邢敬林，刘秀.公路工程施工技术与安全管理 [M].延吉：延边大学出版社，2018.

[11]杨晓龙.公路隧道工程施工与安全管理技术研究 [M].北京：中国原子能出版社，2020.

[12]赵青.公路施工安全及质量控制技术 [M].北京：光明日报出版社，2016.

[13]王小靖.公路工程施工技术 [M].北京：中国原子能出版社，2017.

[14]靳翠梅.隧道工程施工技术与安全 [M].南昌：江西科学技术出版社，2018.

[15]颜景波.道路施工技术研究 [M].天津：天津科学技术出版社，2018.

[16]李俊.高速公路施工组织设计研究 [D].成都：西南财经大学，2014.

[17]栾兰.公路施工安全管理问题研究 [D].长安大学，2012.

[18]郑奕.高速公路项目施工风险管理研究 [D].南昌：南昌大学，2016.

[19]高红军.公路施工企业成本管理信息化研究 [D].重庆：重庆交通大学，2015.

[20]黄晓威.高速公路施工安全管理研究 [D].西安：长安大学，2016.

[21]赖连明.公路工程施工中的安全管理与风险控制研究 [D].南京：东南大学，2017.

[22]黄明昊.公路施工安全管理措施研究[D].石家庄:石家庄铁道大学,2018.

[23]贺小玉.公路施工项目成本管理[D].西安:长安大学,2005.

[24]熊建明.公路瓦斯隧道施工期安全管理与预警技术研究[D].北京:中国矿业大学(北京),2016.

[25]岳诚东.隧道工程施工塌方风险评估研究[D].兰州:兰州大学,2016.

[26]田卫明.隧道施工安全风险与现场管理研究[D].重庆:重庆交通大学,2012.

[27]张腾.公路隧道新奥法施工全过程风险管理研究[D].青岛:青岛理工大学,2015.

[28]谭信荣.瓦斯隧道施工安全风险信息化管理技术研究[D].成都:西南交通大学,2014.

[29]张岭.隧道工程施工安全风险管理研究[D].石家庄:石家庄铁道大学,2013.

[30]刘挺.公路隧道施工安全风险管理研究[D].杭州:浙江大学,2013.

[31]张海彦.盾构隧道施工对邻近桥梁桩基础的影响及风险控制值研究[D].北京:北京交通大学,2016.

[32]韩耀华.解析公路施工技术及路面施工的质量控制方法[J].工程建设与设计,2021(1):177-178.

[33]肖祁光.公路桥梁涵洞隧道工程施工技术应用[J].绿色环保建材,2021(1):97-98.

[34] 马亚斌. 浅谈公路工程施工当中关键部位的施工技术 [J]. 四川水泥, 2021(1): 196-197.

[35] 李娟. 现代公路施工技术及养护的探究 [J]. 居舍, 2021 (3): 70-71.

[36] 王景南. 公路工程施工试验检测及其重要性探讨 [J]. 智能城市, 2021, 7(4): 96-97.

[37] 殷燕婷. 公路施工中填石路基施工技术的应用分析 [J]. 黑龙江交通科技, 2021, 44(1): 29+31.

[38] 何前江. 公路工程施工技术要素及公路工程质量控制 [J]. 黑龙江交通科技, 2021, 44(1): 185-186.

[39] 李晓森. 公路沥青路面施工技术及其质量控制 [J]. 工程技术研究, 2021, 6(2): 128-129.

[40] 朱文平. 公路工程材料检测与质量控制技术研究 [J]. 工程技术研究, 2021, 6(2): 130-131.

[41] 杜曾润, 张立红. 公路工程施工技术要点及控制措施 [J]. 绿色环保建材, 2021(3): 112-113.

[42] 侯剑飞. 公路工程施工技术要素及质量控制措施 [J]. 工程建设与设计, 2021(4): 190-191+194

[43] 蒋博. 公路施工技术管理及公路养护措施分析 [J]. 中华建设, 2021(4): 66-67.

[44] 孙凤喜. 公路工程路基防护工程施工技术分析 [J]. 中小企业管理与科技 (下旬刊), 2021(6): 195-196.

[45] 刘秦亮. 公路工程施工技术管理及养护方法研究 [J]. 黑龙江交通科技, 2021, 44(4): 192-193.

[46]杨波．公路工程的施工技术质量控制方法研究 [J]. 智能城市，2021，7(11)：153-154.

[47]陈建，刘明俊．公路工程路基工程施工技术探索 [J]. 黑龙江交通科技，2021，44(5)：11+13.

[48]吴拥．做好公路工程施工技术控制与管理工作的几点建议 [J]. 交通世界，2021(15)：148-149.

[49]李明．公路桥梁桩基工程施工技术 [J]. 交通世界，2021(14)：147-148.

[50]王光玉．公路工程施工技术要素及质量控制对策 [J]. 运输经理世界，2021(10)：76-78.

[51]匡争建．公路工程施工技术管理存在的问题及措施 [J]. 住宅与房地产，2021(7)：172-173.

[52]戴陆梅．公路工程施工技术管理及养护方法分析 [J]. 工程建设与设计，2021(16)：178-180.